So geben Sie Ihr Bestes

克服惰性

七步完成超越体育的精神训练

[德] 库尔特·特佩魏因（Kurt Tepperwein）
费力克斯·埃施巴赫尔(Felix Aeschbacher) 著　任飞飞 译

東方出版社

图书在版编目（CIP）数据

克服惰性／（德）特佩魏因，（德）埃施巴赫尔 著；任飞飞 译. —北京：东方出版社，2012
ISBN 978-7-5060-3768-6

Ⅰ. 克… Ⅱ. ①特…②埃… ③任… Ⅲ. 成功心理学—通俗读物 Ⅳ. B848.4-49

中国版本图书馆 CIP 数据核字（2012）第 243899 号

著作权合同登记号 图字：01-2007-2538 号

克服惰性

作　　者：［德］库尔特·特佩魏因　费力克斯·埃施巴赫尔
译　　者：任飞飞
责任编辑：姬　利　黄　娟
出　　版：东方出版社
发　　行：东方出版社　东方音像电子出版社
地　　址：北京市东城区朝阳门内大街 166 号
邮政编码：100706
印　　刷：北京智力达印刷有限公司
版　　次：2012 年 11 月第 1 版
印　　次：2012 年 11 月第 1 次印刷
开　　本：710 毫米×1000 毫米　1/16
印　　张：13.625
字　　数：119 千字
书　　号：ISBN 978-7-5060-3768-6
定　　价：24.00 元
发行电话：（010）65257256　65230553

如有印装质量问题，请拨打电话：（010）65266204

目 录

目录

目录

热　身

如果您喜爱体育运动，那么从这一点来说，您就比其他人强，您可以采取实际行动进行体育锻炼了。当其他人还在克服怯懦心理的时候，您就已经闯过第一个难关了！您已经和您的身体建立了良好的关系，此时，您是适合进行体育运动的。利用这一优势，您还能在生活中取得成功！

本书会帮助您发挥特长，会帮助您做更多的事情。如果您能够坚持进行体育锻炼，那么您就是已经是一位成功者了。充分利用这一优势吧！当然，不仅仅是要将这一优势用到体育运动方面，还要用到您的整个生活中。现在，您可以通过精神训练来增强这项优势了！

将休闲运动和精神训练联系起来，这样不仅可以有效地提高竞技运动能力，而且，只要您愿意，您生活中的很多方面也会得到提高和改善。上述宝藏的钥匙就掌握在您的手中。如果您想拿到宝藏，就请您按照这本训练手册中藏宝图的指示，按部就班地进行吧！您准备好了吗？作为运动员，您要知道：所有事物都有它自身的价值，不进行辛苦的训练就不能取得出色的成绩。

在生活中，大多数人只挖掘出了自身的很小一部分潜力，这就像一个人总是在踩急刹车，却从不把车开到超车道上那样，因而总是与各种机会擦肩而过。但是，如果他们能充分挖掘自身的潜力，身体力行地付出努力，那么他们是有可能在生活中创造奇迹的。

这里，我们向您介绍一种简单又行之有效的方法：那就是通过一种内容丰富的、身体与心理相结合的训练，来协调身体与心理的关系，从而达

到改变生活的目的。

当然，有些女性运动员也会对我们的这本书产生兴趣，或许就是因为体育运动最能体现男女平等吧！从国际上各种重大比赛来看，女队在很多项目上都比男队强。但是请您原谅，我们还是要以男性的角度来向您阐述本书的观点，女性朋友也可以从这本训练手册中获得很多的益处！

体育运动能给您带来无限乐趣所遵循的五项规则

●仔细想一想，您为什么要进行体育锻炼。通常，您可能是为了保持身体健康（体育运动对人体健康有益），或许是由于社会因素（我是某个友好联盟的成员），或许是从事业角度考虑（在体育运动中我能做到的，在生活中一样可以做到）。那么，您是否想到，赋予您所从事的体育事业一个真正的意义应该是：没有体育运动，我就不能从生活中得到真正的快乐。

●选择最适合您的体育运动形式。从这一角度来讲，您是进行单人训练，还是需要组队进行训练呢？是在草地上进行训练，还是在室内大厅里进行训练呢？是进行短跑训练，还是进行马拉松训练呢？不要只是为了讨某个人喜欢而选择某种运动形式，而是要选择自己喜欢的运动形式，而且这种运动形式最好能够张扬您的个性。

●经常从其他人那里（比如从团队队员，或者是从教练那里）得到真实的反馈信息及有建设性的鼓励。队友、教练，还有他们提出的有建设性的意见都会促使您更加积极地参加体育运动，并且取得更好的成绩。那么，现在就去征求意见吧！

● 为自己制订一个更高的目标，这个目标要切合实际。如果谁从今天开始就想成为未来的世界冠军，那么，他首先遇到的问题就是动机，接着他很快就会对成为冠军失去兴趣。体育运动真的是一种理想的训练方式，人们可以制订一些小的阶段性目标——当然，这些目标是可以很容易实现的。

● 准备一个日记本来记录自己已达到的既定目标吧！在日记中以文字的形式记录您所取得的进步。您还要经常回味一下走过的道路，而不是简单地看看您所实现的目标。当然，在体育运动中与其他人一起庆祝胜利同样会给您带来无尽的快乐。不过，您自己得明白——到底什么对您来说才是真正的胜利。

有一句老话是这样说的：只有心理健康了，身体才会健康。以前，人们从来没有意识到这一点。今天，人们不仅认识到了，而且对此还非常重视。许多人锻炼身体就是为了从心理上保持一种健康的状态。大多数人深信，身体健康和心理健康是紧密相连、不可分割的，包括现在的医生也经常这样认为。当他们给病人开药方时，还会为病人推荐某项对健康有利的运动形式。

还有一些人锻炼身体只是为了想让自己的身材变得苗条点儿，想让行动变得灵活点儿，想让自己的意志变得更坚定，抑或者是想提高自己的各项能力。

还有许多人的运动动机就是一种新的身体崇拜（比基尼身材、平坦的小腹）和成功哲学：但凡成功人士都具有运动员一样的身材，黝黑的皮肤，眼睛里闪烁着力量的光芒。成功和体育运动都很吸引人，而且也越来

越具有影响力。

许多运动都是以团队形式进行的，因此，参加体育活动可以与其他人一起度过休息时间，同时还可以保持身体健康。这样生活就会变得更有意思了。

学会并保持身体和心理的健康，深入了解身体和心理之间的紧密联系，那么，所有的动机才会有它们的价值。我们要想改善自己的身体力量和心理力量，采用的方法就是充分利用两者之间的这些联系，有意识地加强两者之间的联系。

如果仅仅进行身体训练，而不进行精神训练，那么，我们就根本想象不出当前的这种高强度竞技体育是什么样子的。如今，许多职业运动员为了能进一步提高自己的专业技术水平，已经开始进行精神训练了。而且可以说，一位成功的体育教练，同时也是一位成功的心理教练。一些著名的教练均认为，精神训练在竞技体育中起着至关重要的作用，在运动员取得的成绩中，精神训练的作用所占的比重甚至超过了 50% 。

对所有参加体育运动的人来说——不论年轻的还是年老的——最具吸引力的挑战就是在自己的身上使用这些被证明是有效的，而且又是已经通过测试的竞技体育运动精神训练法。当然，这种精神训练至今还没有被运用到休闲运动中。主要是因为人们还没有认识到精神力量的重大作用，自然更谈不上充分利用这些精神力量了。

当然，这项挑战还可以更广泛地运用在其他领域。如果人们学会将精神训练法运用到休闲运动中，并因此提高了自己的体育成绩，那么，也就可以在学习、工作、生活等方面，进行这种训练了。因为，如果您能成功地在体育运动中进行精神训练，那么，将这些精神力量转用于其他领域也就变得容易多了。

我们非常高兴年轻人也能阅读这本书。因为年轻人和他们年轻的身体之间是一种很自然、很健康的关系。年轻人也乐意考验自己身体的力量。如果他们利用身体对运动的渴望来进行精神训练，采用与运动紧密相连的精神训练法，那么，他们所取得的成绩会是两方面的：一是体育成绩得到了提高；二是学习和工作的能力得到了提高。这样多好啊！

由于体育运动和生活有许多的相同点：比如两者都可以看作是一种比赛。谁了解比赛规则，谁就能在比赛中取得好成绩；谁懂得轻松比赛，谁就能在体育运动中、生活中赢得更多场次的比赛。因此，体育运动也是一种进行生活冠军赛的训练方式。

体育运动中和生活中最重要的比赛规则

- 一个优秀体育运动员不说大话；
- 他不会认输；
- 他也不会为犯下的错误找任何借口；
- 他是一位优秀的失败者；
- 他是一位镇定而又谦虚的胜利者；
- 他会公平地进行比赛；
- 他总是尽自己最大的努力进行比赛；
- 他会享受冒险带来的快感；
- 如有任何疑惑，他会让同他一起比赛的队友看到自己的优势；
- 他重视比赛过程而不是比赛结果。

这些比赛规则都是宝贝，我们在学习、工作以及个人生活中都应重视

这些宝贝，而且我们也没必要再去找其他新的宝贝了，因为，对我们的未来来说，体育运动就是我们最大的宝贝！

休闲运动成了一块个人的训练场地

在这里，人们可以更明确自己的生活方式，人们可以成功的生活、充实生活。在这里，人们最终都会成为生活中的强者。进行体育运动也将会带领大家通往一条王者之路，踏上这条路的人会变成具有自我约束力、自我控制力、有自信心、自我意识很强的人，他们会早日实现自我价值，更加完善自我。

每个已经开始参加体育锻炼的人，都能在生活中创造更多的成绩——当然不仅局限在体育运动方面。因为这些人已经成功地完成了第一个重要的步骤，即他们已经付出实际行动了，这就是他们身上共同的亮点。这里，我们还想告诉您，如何才能提高您的运动能力以及精神方面的自控能力。只需要短短几个星期，您就可以感觉到自己好像换了一个人，变成了一个全新的您。这时候，您已经挖掘出了您所有的潜力。

“付出的越多，得到的自然也就越多”，这句话不仅适用于工作方面，也适用于交际活动方面，当然也适用于同自身的关系上。一个人首先要对自己感到满意（因为他是在真正地生活），那么这个人的性格一定很温和，而且他也会对自己生活的圈子感到满足。

那么，我们现在就来实现梦想吧。

心灵感应

- 想象一下，现在有一瓶有魔力的饮料。喝了它，您就能马上变成一个优秀的职业运动员。那么现在您就是一位优秀的职业运动员了。您只需要开始冲刺，那就赢了。您的眼中闪烁着那种只有胜利者才有的光芒。这让其他人不得不相信，胜利是属于您的。（您可以在心里尽可能地想象那种感觉，激动、兴奋，不期而至的胜利带给您多大的喜悦啊！）
- 当然，这瓶有魔力的饮料也会发挥它神奇的魔力。所以您根本不必过度紧张。重要的是放松心情，就像在做游戏一样完成这次比赛。（您有没有那种自信的感觉？有没有觉得自己很出色？有没有感觉到赢得胜利其实是件很容易的事呢？）
- 所有人都会向您投去钦佩的目光，您会得到大家的承认和赞美。当然，您也会被问及获得胜利的“秘诀”。当地的报纸头条也会报道关于您成功的事迹。人们都会向您询问：“您是怎么做到的？”（想象一下，您是如何被大家捧在手心的，四周是人们的掌声和钦佩的目光。没错，就是您。这说的就是您啊！）
- 您可以享受现在这种新面貌和大家的赞美。不管怎么样，您都会觉得生活现在才真正开始！（如果现在，您突然觉得越来越控制不住这种感觉了，那就连续做几次深呼吸。您成功了！）

- 但是，还会有更多的事情发生。这种在您生命中近乎奇迹的变化还会影响您生活中的其他方面。您的生活会发生天翻地覆的变化，此时，所有的事情都会朝更好的方向发展，所有糟糕的事情都会向好的方面进行转变。从此，您会对自己还有您生活的圈子感到满意。（跟着这种感觉走，您会觉得心中充满了幸福的感觉，生活质量也提高了。这种感觉出现的时候，您的脑海中会浮现哪些画面呢？您有没有感觉到自己正身处海边或山上的某个漂亮的别墅里呢？有没有感觉到自己正被爱人拥在怀中呢？哪些画面体现了绝对幸福的感觉呢？只要您想，您就能享受这种感觉和看到这些画面。）

您看，这多简单啊！您还没有真正开始阅读这本书，您就已经找到了能让生活发生巨大转变的方法了。

只要您能想到，您就可以做到。您梦寐以求的东西在现实中也可以找到。首先它们会出现在您的脑海中，或者说是在您想象出来的世界中，只要您尽可能付出自己最大的努力，然后，到底什么时候这幅画面会出现在现实生活中，那就只是时间的问题了。大胆地去想象吧！您要相信这一切，那么您的梦想最终都会实现。

您在我们第一部分的预备性练习中尽全力了吗？您的想象力是否有所提高了？下面，咱们再做一次这个练习！您要明白：熟能生巧。

现在，您就可以把这本书放在一边了。如果您还想知道那种有魔力的饮料是怎么调制出来的，那就继续往下看吧！

第一部分

体育运动是精神力量的训练场

身体和心理的训练

到底什么是“精神训练”呢

精神训练在体育运动中的成功之路

通过精神训练“用尽全力去拼搏”

通过精神管理以产生更多的用于工作和生活的能量

从初学者到精神训练专家

精神训练法的步骤

身体和心理的训练

您选择通过阅读这本书来提高自己的体育竞技能力，这说明您已经开始努力实现您的目标了。您已经向您的目标迈出了一大步，这很好。但是，这也只能算是实现了半个目标，或者说是实现了您的直接目标。其实，您还可以更好地利用这本训练手册中介绍的方法，实现更大的目标。为此，我们要划分出更多的步骤。第一步：您的身心都要达到最佳状态。这也是我们共同的训练纲领！这是您从本书中获得的第一份礼物！

体育运动是一种进行精神训练的理想方式。

多年来，精神训练在竞技运动中变得非常重要，并起着决定性的作用。越来越多的竞技运动员（主要是进行集体项目的运动员），成长为所从事工作的优秀经理人。这种趋势已经越来越被人们所熟识。

> 实际上，谁要是在进行体育活动的过程中，理解并掌握了精神训练的法则，根本就没必要再考虑如何把这些规则用到工作中去。因为，他在潜意识中已经在运用这些法则了！

想想拜仁慕尼黑队的总经理乌利·霍内斯（Uli HoeneB.）吧！现在，人们已经没必要成为拜仁队的球迷，就可以直接称赞他的管理成绩了。再来想想约尔格·勒尔（Jörg Löhr），这位多次获得德国冠军和世界杯冠军的国家手球队队员。今天，他已经算是欧洲著名的精神训练教练了。很多著名的企业家，以前都是在运动场上取得过重大成绩的运动员，比如沃尔夫冈·乌尔班（Wolfgang Urban，嘉世达广利集团公司的老板）、海因里希·冯·皮勒（Heinrich von Pierer，西门子董事长）、斯特凡·皮克勒尔（Stefan Pichler，英国第三大旅行社托马斯·库克有限公司的首席执行官）、柯博涵博士（Dr. Hans－jouchim Koerber，德国麦德龙集团首席执行官）、赫伯特·海纳（Herbert Hauner，阿迪达斯的董事长）。所有这些“经济界巨头”在事业上能够如此辉煌与他们以前从事体育运动都是分不开的。或者从另一方面来说，他们曾经都是在专业技术上达到巅峰的优秀运动员，比如克莉斯汀·奥托（Kristin Otto）、鲁迪·塞恩（Rudi Cern）、马克·施皮茨（Mark Spitz）、施特菲·格拉芙（Steffi Graf）、君特·内策尔（Günter Netzer）。体育运动中所需要的精神力量对整个生活也起着非常重要的作用！

那么，为什么会这样呢？体育运动是如何促进精神力量发展的呢？

只有在体育运动中，人们才能直接通过提高竞技能力发挥人体内的精神力量，当然这也是可以测量出来的。在这种运动中，我很容易就能给自己制订一些目标，而且通过有规律地发挥精神力量的作用，就能很快实现这些目标。在体育运动中，我也可以很快得到一些反馈信息。

试想，有这么一位女士，她想成为孩子的好妈妈。那么，需要多少年她才可以大声地说：“是的，我已经是一位称职的母亲了。”为了让孩子们充分发挥他们的潜力，父母把所有的爱都给了自己的孩子们，在各方面支持他们，这需要多少年呢？几十年啊！

您再想想，有一位男士，他想创建一家成功的公司。那么，需要多少年他才能够说：“我们已经脱离险境了，现在，我们的公司已经开始赢利了，市场上已经没有人能超过我们了。”

再想一下，有一个孩子或一个年轻人，他从上学到毕业需要多少年，他需要多少年才能回到家乡呢？

很明显，与这些事情相比，在体育方面获得成功要快得多。我要做的就是：明天，我要打破以前创造的最高纪录。这就是人们要实现的目标，这样也会越来越接近自己的极限。那么，这些最高纪录如何才能被打破呢？像以往一样，动员一切后备力量，积极地进行训练。在体育运动中，您可以得到一些明确且可测量的反馈信息。我们可以很快地对身体训练和精神训练的质量、成绩进行比较。然后，更加努力地进行训练，以期更快达到我们制订的目标。

但是，就像上文提到的一样，在体育运动中进行精神训练不仅仅是为了提高体育成绩，还为了提高精神力量的作用。体育运动只是比赛的一种方式，再没有比体育运动更迅速的方式让人们取得成绩和进步的了。但是，在现实生活中进行的比赛，主要指的就是生活这场赛事了。这里，您不只是要通过训练使自己成为体育方面的冠军，还要让自己成为生活中的胜利者。如果谁能在体育方面能赢得这次冠军赛，那么这个人就可以拥有一个最棒的开始。在别人还在寻找起点的时候，他就已经接近目的地了。

到底什么是“精神训练”呢

像摩西、佛祖、孔子、苏格拉底、耶稣、穆罕默德（按照他们历史生存年代排列）这些“智者”，都是来自全世界的神秘主义者。这些智者在几百年前，甚至是上千年前就已经在传播精神力量、意识力量的作用了。同时，他们也通过自己的生活证明了这一点。所有这些智者同样可以说是“人类精神训练的教练”，他们用自己的精神力量创造了世界宗教和世界文化。

当人们学会思考的时候，精神训练，或者说是“对抗命运”就存在了。我们人类与动物最大的区别就是我们的自我意识，我们的思维——即精神力量的存在。

但是，日常生活中，我们很少去想，我们到底能创造出哪些东西。因为我们经常就像动物一样在“无忧无虑地过日子”，甚至变成了“习惯的奴隶”：存在，运转，下意识的程序在决定我们的生活。但是，现在，人们真应该好好为自己做些打算了，确立一些目标，好好计划一下，要知道命运掌握在自己的手中。

只有好好利用精神和意识的力量，才能使我们活得更像人。我们也可以把精神训练看做是使我们更加完善自我的一种方法，发掘并发挥我们人类潜力的一种训练。增强精神力量也就意味着使我们成为意志力坚强的人。

但是，今天，我们所说的不是要把人们放进一种文化或者一个集体中，而是要呼吁每个人，真正发挥人类的潜力。

智者已经塑造了整个精神方面的文化。今天，我还要补充的一点就是：为了战胜命运，每个人都要充分利用精神力量。而让精神训练真正成为一种“大众运动”形式的第一途径就是体育运动！

精神训练在体育运动中的成功之路

不论是从狭义还是从广义上来说，精神训练形成于顶级体育运动领域中，并且得到了广泛传播，从此踏上了它的成功之路。

几十年前，在许多单项运动中，“梦想极限”就是优秀运动员心里的一个梦想，一个根本就不可能被打破的纪录。多年来，这个不容更改的法则已经成了所有运动员想要实现的一个最大的目标了。这个目标就像是已经达到了人体的极限一样。

在第一批运动员开始进行各种不同的单项运动之前，首先要从心理上克服这个假设的极限在心里产生的障碍。他们要在一种精神放松的状态下想象自己可以跑得更快，跳得更远、更高，通过这种精神训练来实现达到这种梦想极限的目标。

因此，精神训练在高强度的竞技体育运动中开始进行了。今天，优秀运动员的教练均认为运动员能创造这么好的成绩，其心理因素占有的比重超过了50%。因此，对于一位竞技运动员来说，不仅要进行身体训练，同时还要进行精神训练，两者同等重要。

从一定意义上来讲，精神训练可以通过科学方法进行测定！因为在体育运动中，只有可测量的数据才是有效的。如果运动员能够通过精神训练突破身体的极限，那么，我们就不用再怀疑精神的力量了（当然也是作用在身体上的）。因为根据西方的科学文化，我们只能相信那些“被科学证实了”的并存在于意识层面的东西。

各种瑜伽运动早就说明，瑜伽运动就是通过精神力量作用于身体上的不可思议的体育运动项目。但是，当时这个观点是在意识层面之外的。所以，很多人都认为，那肯定就是骗术！然而，当我们的运动员开始通过精神训练来提高他们的身体竞技能力的时候，精神力量才变得科学可靠，并得到了官方的承认。

没有规则就不要想会有好成绩。

身体训练和技术训练的规则本身以精神训练规则为前提

- 要在心理上建立一个最近的目标（通过发挥想象力）。
- 要认清训练是作为达到目标的手段，然后就可以按照下面的程序进行训练了（克服惰性）：可以参加各种比赛，赢得冠军称号，提高个人成绩，也可以参加奥运会。
- 与此同时，也要克服“卑怯的想法”（怯懦的心理、破坏性的信念及倦怠的习性）。

这项运动不仅使精神训练法得到了完善，也使精神训练法得到了普及。同时，运用来源于体育运动的这些方法，将精神训练运用到工作和学习中去也有重要意义。

我们共同的问题就是：怎样做才能使我在某种特定的情况下达到最佳的竞技状态，并取得最佳的成绩呢？

通过精神训练“用尽全力去拼搏”

今天，在生活中的所有领域中，我们都可以明显地看到：要想创造最高或者最好的成绩，要想进入最佳状态，要想“用尽全力去拼搏”，就必须进行精神训练。

这个问题在高水平竞技体育中同时也被看成是一个与能量有关的问题：我们已经尽可能的调动或者取消身体的、感情的、精神的和心灵的能量了。利用这个来自体育运动的优势，如果人们想要创造新生活，那么，无论什么时候他都可以突破自己的极限。

托尼·施瓦茨（Tony Schwarz）和吉姆·洛尔（Jin Loehr）已经从竞技体育中得出了这些认识，并努力使其成为一种普遍的定理。他们认为：全身心投入，就是说我们要接受身体训练，要控制自己的感情，要集中注意力，还要实现直接与我们的个人兴趣相背离的目标。①

竞技体育运动已经充分向我们证实了精神训练的作用。现在所涉及的问题就是：让那些新、老业余运动员学会并掌握精神训练的技巧，而且还要让他们学会将这些精神力量运用到生活中的所有领域中。

接下来的几页纸将为您解释精神训练的“全部过程”。当然，作为初学者还不可能立刻就学到很多。但是，如果是一位已经有了一定基础的学生，那么，我们很快就能发现他已经掌握了什么，他目前已经处于哪个阶段了。

那么，现在您就带着好奇心来看看这篇精神训练的概述吧！

---

① 选自托尼·施瓦茨、吉姆·洛尔的《成功法则》。

通过精神管理以产生
更多的用于工作和生活的能量

吉姆·洛尔博士和托尼·施瓦茨使优秀运动员早就知道的那句“成功就是规则加上艰苦训练”变得更加流行起来。但是，成功的过程也需要放松和修养。只有通过这种有目的的让身体在紧张（高强度工作）和放松（休息、修养）两种状态之间进行交替活动，才会有产生新能量的机会。有了这种机会就会避免持续的压力并能在体育运动和工作中爆发出巨大的能量。

精神能量管理的重要因素

全身心地投入：

这个尺度就是指要有责任心、热情以及取得最高成绩的要求。一般水平的要求和动摇不定的态度就不属于真正的生活。

平衡的保持：

字母A和O总是一对平衡。在工作中，应该全身心的投入，那么，在家就必须保证充分的休息。想要在工作中取得好的成绩，就需要一种个人或者家庭的幸福生活来全力支持。有了这种平衡才会产生真正的生活价值。

训练：

熟能生巧。如果人们只想过安逸舒适的生活，那么，他们就不可能取得进步，就不可能掌握高超的技艺。谁要是不坚持挑战自己的极限，不愿突破自己的极限，那么，这个人无论到什么时候都可能只是在原地绕圈。经常进行训练，就可以使我们不断地摸索自己当前的极限并拓宽生活的圈子。

能量程序：

让我们最强大的敌人，还有我们最强大的朋友都成为我们的习惯。积极的、有意识形成的以及能够产生能量的习惯，慢慢都会变成能够充实生活的程序。

从初学者到精神训练专家

精神训练是一种实现自主的形式。我们使用精神力量是为了最终可以过上自主的生活，成就我们的终生事业。我们必须要从学会自律开始，然后再开始进行精神训练，到结束的时候，我们可能已经是专家了。我们可以作为创造者来实现自我，创造自我了。

（1）自律和自主

所有需要花费大力气去做的事情都要从这个阶段开始。简单地说，就是人们要做的事情往往是由于客观原因不得不做的事情——同样，做出一些牺牲也是必要的，只有这样才能出色地完成这项工作。这是一项纪律性很强的任务，也就是说，您很可能还要放弃您喜欢的事物（其中可能也包括舒适的生活），然后，才有可能实现更高的目标。

虽然有时候生活的无序也许会让您感到一时的舒适，但是这属于一种不自主的情况。如果我们不能确定自己想要什么，并为此坚持不懈地按照要求努力工作，那么，我们很可能就会变成祭祀品，从而为其他的利益服务。此后，我们的生活就再也没有自主性了。舒适的生活就像是一片沼泽地，会让我们越陷越深。

（2）自控和自我调整

自律是通往实现自控的最直接的一条路。当您慢慢懂得自律的时候，您就会发现您的自控能力也在慢慢增强。这种控制能力可以帮助您决定您要做什么、您要想什么以及在遇到事情的时候您该做出什么反应。没有这种自我控制的能力，即使您的计划再好，也不过是一种幻想。慢慢您会发现，当您身上的那种不自主消失之后，自控的作用力就能增强。在这个阶段，虽然我们没必要为此付出很多努力，但是，我们已经具有自律的能力了，而且纪律已经成为我们生活中自我调整的一部分了。

(3) 自信和自我意识

自控可以直接促使自信和自我意识的形成。对于火车来说，铁轨意味着什么，那么，对于运动员来说，自信就意味着什么。没有这种特性，他所走的路将不知通往何方。自信，这种不可动摇的信念，完全来源于遵从自己内心的意愿，活出自己的精彩。

(4) 实现自我和完善自我

实现自我，简单来说，就是使您能够成为最好的人，也就是充分展示您的才能和能力。作为运动员，就是在体育运动中履行运动员的义务，从中得到最大的满足，这就需要发挥运动员自身所有的潜力。如果您有那么一点点相信自己了，同时感觉到了幸福，那么，就请您消除所有的禁忌吧！如此您就会觉得浑身充满了能量，就像您认为的那样。此时，您创造了自己。您已经达到了您这一生中能达到的最高点即（《心灵与身体的和谐》①）。

---

① 作者 Seneca，原书名为 Die Harmonie der Seele mit sich selbst。

当我们在观察从自律到实现自我的不同阶段的时候，我们也可以认识到精神训练的四个学习阶段。

精神训练的四个学习阶段

- 开始学习的时候，精神训练主要是实现自律一种的方法。

这种情况下，确定目标、意志、勇气、不屈不挠的精神以及身体的健康状况（睡眠、营养、运动、水及其他液体的吸收）都是精神力量存在的基本要求。精神训练就是按照身体，也就是产生能量的主要来源来进行的。在精神训练过程中，初学者在学习的时候要特别注意训练的方法。这些方法首先是：确定目标以及进行自我鼓励、呼吸训练，还要让身体充分休息并进行能量管理。

- 之后的精神训练主要就是学习自我控制的方法。

这种自我控制主要指的就是潜意识和感觉，消极的能量向积极的能量的转变。我们要从思想上的罪恶感、低微的自我价值观、自我破坏性、坚决的抵抗态度、生气、愤怒、不信任、表面关系、经济担忧和贫困中解放出来。相反，慢慢地让愉快、耐心、诚实、移情能力以及信任的关系来决定我们的生活。精神训练的学习方法主要是：肯定（信条）、积极态度和思维习惯的发展、视觉和想象力的训练。

- 接下来的精神训练就是自我意识的表达。

这里讲的就是关于真实生活的计划如何才能实现的问题。一个人也许会为了完成他的真正使命而放弃工作。同样，生活中的伴侣关系之所以会结束，是由于生活理想的不同，而不是由于经济、性、家庭等方面的观点不同。精神训练的学习方法主要是：唤醒心智；创造力和直觉训练；精神集中和沉思。

●专家阶段的精神训练就是进行（参与）创造的一种工具。

我们不能脱离世界。我们是为整个世界服务的个体。到了这个阶段，您固执、任性的性格已经不存在了，取而代之的就是坚强的意志力：你的意志加上我的意志就等于最棒。专家阶段的精神训练法就是创造性地表达，能够使再次出现的所有事物都显得很和谐，这也符合创造规律。在老师的帮助下，我们就能从生活的学生变成生活的专家。

精神训练法的步骤

对于每一位想要在生活中获得冠军称号的人（在体育运动中、在工作中、在交际圈子里）来说，这里提出的12步精神训练法会为您提供最有力的帮助，而且也可以说是“精通生活的全部方法”了。

12步精神训练法

- 确定目标和自我意识；
- 呼吸训练；
- 身体休息；
- 能量管理；
- 获得肯定；
- 积极调解和思维习惯；
- 视觉及想象力技能；
- 精神集中和沉思；
- 唤醒心智；
- 直觉技能；
- 创造力技能；
- 创造力表达。

接下来，我们只介绍对体育运动和学习精神训练有重大意义的前七步方法。而第八到第十二步方法准确地说应该属于“精神训练的高级技术”了。

第二部分

七步精神训练法

第一步:训练自我价值的观念

第二步:训练意志力

第三步:训练深度休息的能力

第四步:排除一切障碍

第五步:使能量预算达到最佳程度

第六步:可视化能力训练

第七步:您放松了吗

第一步：训练自我价值的观念

我是胜利者！

每位参赛者都是胜利者

如果一个人不是为了个人而参加比赛，而是为了在比赛中同其他人一起进行体育运动，那么这个人就肯定会赢。没有人参加比赛是为了失败的，就连您的对手也和您一样希望赢得比赛。如果您不尽全力为自己争取胜利，那怎么能计算对手的成绩呢？一份送来的或者不费吹灰之力获得的胜利，对于任何对手而言都是毫无意义、乏味而且有失体面的。

如果一个人进了体育场，只是为了高兴一下，而不想真正地付出全力，也不想挑战自己的能力极限，那么，我们就可以把他看成是体育运动的破坏者。他破坏了“公平比赛的原则”：挖掘你的潜力，用我的能力来测量你的能力。那个不想取得好成绩的人，肯定不会尽全力去拼搏。谁要是根本就不想在比赛中获胜，那么，他也就取消了自己的比赛资格。

每一个渴望在比赛中获胜的人，都要接受可能失败的风险，而这也是体育比赛吸引人的地方。比赛结果往往都是不确定的，谁胜谁负这要看当时的情况：结果越出人意料，比赛往往越令人感觉兴奋。一位与我实力悬殊的对手，如果他把机会都给了我，我可以不费吹灰之力就赢他，那么，这个对手就不是真正的对手。这样的比赛不但不能提高运动员的成绩，相反，还会降低他们的成绩。

即使是在比赛中输了，但也可以说是一种胜利：人们获得了比赛经验；获得了实践经验；获得了技术；获得了处事不惊的能力；学会了尊重其他人的成绩，同时自己的成绩也得到了别人的重视；还赢得了公众的好感；等等。脱离比赛结果，人们都可以以胜利者的姿态离开比赛现场。这也是比赛吸引人的地方：取得优秀的成绩，用其他人的实力来检测自己的实力，赢得对于自己来说相当重要的胜利。因此，体育运动是一种非常好的训练方式，从事体育运动，人们可以训练健康的胜利者意识。

那么，我们这里所说的第一步就是：胜利者意识训练！您所取得的成绩得到的回报就是：从现在开始，您就可以作为胜利者去生活了——即使曾经有过那么一两次的失败也没有关系。所有在生活中遇到的事物，从现在开始对您来说，都是一种胜利。

胜利者在任何情况下
都可以增强自我价值观念

现在，我们就可以加深对什么是胜利者和什么是失败者的印象了。获胜并不意味着使用各种各样的方法让别人失败。成为胜利者与其他人没有任何关系，但是，却要依靠其他人才能实现。真正的获胜是指能够取得任何场合中的胜利，这就像是做生意一样，是不是能够赢利，其决定性因素是：最后创造的价值要比投入生产和销售的价值高。

现在，对于体育运动，特别是对于休闲体育运动来说，这种利益螺旋（价值构成链）是什么意思呢？最后，人们如何做才能获得比最初投入的资金更多的利益呢？

在我赢得第一次比赛之前，或许会先输掉几场比赛。因为能手不是从天而降的。但是，如果我在失败的时候选择了放弃，那么，我就是个真正的失败者，因为我丧失了一个绝佳的学习机会；如果我利用这个机会，就可以从失败中学到很多东西，提高成绩，最终还可以使自己成为能手，赢得比赛的胜利。

如果一次的失败并没有让我放弃，反而帮助我从比赛中学到了许多东西，从而使我在下一次比赛中做得更好，那么，比赛虽然输了，但我还是个胜利者（这里是指学习经验方面和比赛实践方面等等）。

比赛结果不能简单看成是胜利了还是失败了，主要是您对待这个结果的心态。我本人并不能在比赛之前就决定这场比赛如何结束（这是它吸引人的地方），但是，我可以决定我将如何对待这场比赛结果，我能从这场比赛结果中学到什么。一位胜利者总是能从他做过的所有事情中获得精神方面或者物质方面的利益。

（1）运动员投入了什么？他的“任务”是什么

- 运动员要投入更多的时间进行身体训练，这样他们才能变得更有毅力，具有更强的竞技能力；
- 他们在训练和实践中的努力还可以改善自己的技术；
- 经济上，他们还要投资购买装备，比如运动服装和器械；
- 为了达到身体和精神的统一，他们还要投入时间进行精神训练。

（2）运动员赢得了什么？什么才是他的“收入”

现在，可以说有几百万人做的都是与专业体育运动相关的事情。体育运动早就已经变成了一项生意。通常状况下，在体育运动中，最重要的不是运动员，而是作为公司的体育俱乐部（比如股份公司）。专业体育真正涉及的，而且几乎唯一涉及的就是钱的问题。

而在休闲体育中，或者说是在业余体育运动中获得胜利，首先指的不是获得物质形式的胜利，而是获得精神形式的胜利。

精神形式的胜利

- 身体健康，具有活力，保持年轻；
- 大脑供血充足和强大的精神能力；
- 有规律的生活方式和生活的乐趣；
- 不断增强并加深的友谊；
- 为了取得事业成功，而以工作形式产生的各种联系；
- 得到公众的认可和其他人的注意；
- 给其他人（比如给自己的孩子们）起到榜样作用；
- 特别重要的是，可以将获得的所有东西的总和看做是自我价值观念的提升和生活水平的提高。

综合训练 1.1

请您思考一下，体育运动给您带来了什么。您个人通过参加体育运动取得了哪些胜利？您投入了什么？您什么时候取得的胜利？

参加体育运动，促进了与良好的自我价值观念有关的所有优秀品质的形成与改善。它是一条非常重要的且系统地提高自我价值观念的路径。

纳撒尼尔·布兰登（Nathaniel Branden）描述了形成良好的自我价值观念的六根支柱：

- 有意识地生活；
- 关心自己；
- 自己承担责任地生活；
- 战胜自己；
- 向着目标努力地生活；
- 拥有高尚的品格。

有意识地生活。体育运动，特别是精神训练促进了有意识的生活的形成和发展。首先您要做好参加比赛的准备，思考比赛进行过程中要采用的战略、战术。比赛过后，为了改善训练、提高竞技技术，以及更好的准备下一次比赛，您还要认真思考。越是有意识地做这些事情，取得的成就也就越多，而且不只是在体育运动方面，还包括在日常的生活中。取得成功是提高自我价值观念最保险、最可靠的因素。

关心自己。您和别人是一样的，像您这样就可以了，这样的观点就是所有一切的开始。如果您自己都不喜欢自己，那么，您还能指望谁会喜欢您呢？当然，也不要要求自己比别人强，您只要要求自己今天比昨天更强就可以了。所有想要得到的东西都有它存在的价值，您的愿望就是您对内心自我价值观念的表达。凡是您能想象得到的事情，您都可以做到。那么，接受您所有的性格，并尽力而为吧！

自己承担责任地生活。参加体育运动的人都知道“差劲的失败者”是什么样的：他们不为自己的错误、失败承担责任，而是让所有的事物和其他人来为此负责，如对手、教练、裁判员、场地、观众、天气或是其他的。体育运动是一种很棒的训练方式，它可以训练人们自己去承担错误和失败。只有这样，作为运动员的真正意义才会慢慢显现出来。承担责任并不是削弱这种自我价值观念，而是加强了这种观念。“这是我的错误，从中我可以学习到某些东西，以后就可以有效地避免再犯同样的错误了。”这样的自我调整难道没有建设性？难道不适合体育运动吗？

战胜自己。参加体育运动也可以说是一种有意识地实现自我的途径。这并不是说要将其他人“淘汰”出局，而是要在其中占有一定的位置（不只是在队里，还表现在颁奖台上）。您要有意识地抬高头并展示自己。赛后，还要为自己庆祝，为自己喝彩。这些也是坚持自我的表现。

向着目标努力地生活。如果不断地制订目标并实现它们，那么，您所取得的也只是体育成绩：训练时间、训练目标、比赛目的。体育成绩的产生是目标的不断确立、实现和提高的结果。但是，有些时候的目标也显得相当普通。比如足球运动员的目标，就是比对手的射门次数更多。虽然这个目标显得有些普通，但是没有这种目标，也同样赢不了比赛。体育方面的成功就是实现目标的结果。

拥有高尚的品格。对于那些使用违禁药品，通过不公平手段使对手吃亏，对比赛工作人员行贿的运动员，您怎样看待呢？对于他们这些违反体育道德的行为，我们通常会采用鄙视的方式来惩罚他们。真正的体育运动者和优秀的运动员，在他们退役很久之后我们仍然对他们记忆犹新，可以说我们记住的是一位拥有高尚品格的人。高尚的体育运动风格和运动员的风度也是体育运动的同义词。

请您思考一下，通过体育运动，您将如何确定并提高您的自我价值观念?

总的来说，竞技运动员是业余运动员的榜样。在第一阶段的训练以及今后在帮助胜利者意识的健康发展过程中，我们还要充分利用这一点。

什么样的优秀运动员能成为榜样

如果我们现在再去观察那些优秀运动员，那么，我们就会发现恰恰就是下述的这些精神品质才使得那些运动员特别出色。

（1）**优秀运动员都是自发进行体育运动的，他们是自主的**

一名优秀的运动员从事体育运动并不需要外界的压迫、逼迫或者催促。他们的动力都来自于内心对进行体育运动的渴望。他们对体育运动感兴趣、有热心，是因为他们想要从事体育运动，因为他们认为这是自己的事情，而与别人无关。

（2）**优秀运动员都是积极的，但又是讲究实际的**

一名优秀的运动员从来不会到处抱怨、自责或者是到处向别人发牢骚。他们是创造者，而不是破坏者。只想着让对手毁灭的人是不会取得胜利的。优秀的运动员是万众瞩目的，他们仅仅依靠实际取得的那些成绩来生活。他们不像评论家，可以靠评论来挣钱，或者是给别人评价成绩来生活。运动员的生活只能依靠个人的成绩——而这个成绩却不是一天两天的努力就能取得的，而是需要持续不断地努力才能取得。现实主义和乐观主义的混合就是他们的性格标志。他们自始至终关注的都只是自己的成绩，而不是其他人的非难。

（3）优秀运动员能够控制他们的情感

每一位运动员，或者说是参赛者都非常清楚，导致成绩下降的主要原因就是在比赛期间不能很好地控制自己的情感。令人不满的裁决、愚蠢的错误、烦人的对手、不理想的比赛条件等等——这些都是产生消极情感的重要原因。您必须自己来控制，比如愤怒、失望和害怕这一类情感，否则，一旦受到这些情感的影响，运动员就会失败。而那些有实力的参赛者都会控制这些内心情感的爆发，同时还能将产生的不适感转换成积极的能量。

（4）优秀运动员都是从容不迫、气定神闲的——即使是在压力之下

运动员是不会逃避压力的，相反，他们会把压力当作一种挑战。当他们身处压力之下并找到缓解压力的方法的时候，他们就是最棒的。接受考验对人们来说并不存在任何威胁。相反，这种情况还会提供一个进一步促使潜力重新恢复活力的机会。外来的压力不但不会使他们成为牺牲者，反而会使他们愿意接受这样一项能够证明自己实力的挑战。

（5）优秀运动员都是充满活力、积极肯干的

他们具备让自己精力充沛、精神高度集中的能力，就是为了在比赛中付出最大的努力——不管他们有什么样的感觉，或者当时的情况看上去是多么的绝望。尽管有时候，他们已经觉得筋疲力尽，而且还有很多个人问题有待解决，或者是遇到了很多麻烦，但是，他们还是能够调动自己的积极性，激发新的能量，使自己活跃起来。

（6）优秀运动员都是果敢的

他们具备的坚强意志力，还有能够使他们所从事的事业更加成功的能力都是我们要学习的。在努力实现目标的过程中，他们都是坚定的。在他们一步一步地前进时，绝大多数挫折都能被很轻松地克服。

（7）优秀运动员头脑清醒，注意力集中

他们在比赛场上能够长时间集中自己的注意力，从而更好地进行比赛。他们有能力在情绪上做好准备去做重要的事情，也有能力让这些不重要的事情在脑海中渐渐消失——他们并不关心自己是不是处在压力之中。他们会把所有的注意力都指向（集中到）要实现的目标上。

（8）优秀运动员都具有不可动摇的自我意识

他们拥有这种几乎不可动摇的自我意识，以及相信自己具有获得好成绩的能力。他们不会让自己变成那些具有破坏性影响的意识或者想法的牺牲品——不管是来自本身的，还是来自他人的。因此，要想吓住优秀的运动员可不是一件容易的事情。与此相反，因为他们都有这样一种自我意识的表现，所以他们总能通过自己的沉着和冷静来达到动摇其他人的目的。

（9）优秀运动员都是有责任心的

他们会为自己的行为负全责，而不会为自己的错误或者失败做任何的辩解。要么他们就做点什么，要么他们就什么都不做。他们一旦决定去做，就会有始有终地完成所有的工作。只有如此，他们才会觉得开心、舒服。这些运动员是有意识地在做一些事情。因此，作为运动员，他们的命运完全掌握在自己的手中，他们才是能够创造自己未来的人。

我们通过这些性格的描述就可以辨认出哪些人是优秀的运动员，因为他们知道自己想要什么，还知道从实现目标和实现自我的过程中获得自我意识。

这里提到的哪些性格特点给您留下了深刻的印象呢？您有什么榜样吗？您的榜样具有哪些性格特点呢？为了证明您的榜样对您真的有所鼓舞，您做了些什么？

测试一下您的胜利者意识

表1涉及的问题不只是作为运动员的胜利者意识，还有一些对生活的根本看法，请认真阅读并按要求作答。

表1　胜利者意识测试

为下列25项中所陈述的每一项选择合适的答案，并在相应的一栏中画✕	一直	经常	从不
做每一项工作，我都要进行相应的准备			
我会积极地面对所处的形势			
遇到困难，我也会从中看到新的希望			
我很灵活，我会宽容地看待别人的意见、观点			
我乐于做出决定并很快将决定果断实施 我会全身心地进行每一份工作——即使这项工作就是例行公事			
我的行为证明，我相信上帝，相信生活，相信我自己，当然，也相信其他人			
我已经做了最坏的打算，但是，我也期望最好的事情会发生			
我具有鼓舞人心的能力，我会用自己的热情感染其他人			
我尽最大的努力去做每一份工作			
我有勇气面对恐惧和不安			
我承认，我取得的每一份成功都与其他人的支持分不开			

（续表1）

为下列25项中所陈述的每一项选择合适的答案，并在相应的一栏中画×	一直	经常	从不
我都是真诚地、正直地、坦率地对待我要做的所有事情			
我会真诚地面对那些期望得到我帮助的人			
我会出色地完成我要做的所有工作。我会为交付给我的每一份工作感到骄傲			
我总是做出比人们的期望更高的成绩			
我会从失败中吸取教训，不会因为失败而气馁			
我会使身体一直处于极佳的状态。通过定期休养、健康饮食和有规律地进行体育锻炼设法让自己精力充沛			
我会避免由于担忧、吹毛求疵以及对自己不满而产生抱怨，从而带来感情上的压力			
我只依据我的能力来评判我的成绩，而从来不会同其他人来做比较			
我乐于承担责任			
面对新的思想、挑战和情况，我显得很开通			
我很了解，不管我是在为谁拼命工作，我终归就是我自己的主人，自己的师傅，而且我会要求自己尽全力去工作			
我的全部注意力不会放在我的行为上，而会更多地放在我要达到的目标上。我不会把时间浪费在过分忙碌和莽撞行为上			
我是一名"队员"（团队中的一名成员），对于我来说，把队里的成绩归功于谁，根本不重要			
分数：			

测试分析：

您的选择如果是“一直”，那就可以得4分；如果是“经常”，就得2分；如果是“从不”，就得0分。

- **90～100分：** 您拥有健康的胜利者意识。要想获得最好的成绩，您还需要使这种意识更加尽善尽美。
- **80～89分：** 您的胜利者意识还有待提高。
- **79分或者80分：** 您的调节能力还只是处于“一般”的程度。您可以从这本书中获得很多好处。
- **78分或者更低的分数：** 祝贺您阅读了这本书。它会使您的生活发生巨大的变化。

综合训练 1.4

检查一下您在表格中“经常”实施项目的所有表述。

您该如何提高这种调节能力，才能使其转变成您的胜利者意识呢？

同时，检查一下您“从不”实施的项目的所有描述。

什么时候，您如何做才能表现的像胜利者一样呢？

从具有失败者意识到具有胜利者意识

第一步训练将要结束的时候，我们还要再次审查一下您的分数。因为这些分数有助于加强您的精神力量、胜利者意识和您的自我价值观念。

精神能力的表现

提高您对精神方面强势和弱势力量的认识，对于很快发现自身变化是至关重要的。您对自己的极限认识得越深，那么，通过您的成绩来达到极限的更高一级领域所必需的知识技能就能越快得到提高。如果人们想提高对自身地位的认识和洞察自我的能力，那么，就需要加快学习的速度。

同时，为了增强您对精神力量重要性的理解，以及帮助您了解它们与您的强项和弱项之间有什么样的关系，我们很乐意同您一起研究下面这七种不同的精神力量。虽然精神力量的波动幅度很可能会传播的更远，但是下面描述的这七个方面已经被证实都是最重要的，而且是最强有力的精神力量了。

(1) 自信

自信的程度就是比赛结果最好的体现。关于这个比赛，您有些什么样的感觉和想法，您能做些什么和您不能做什么，等等，这些感觉和想象很大程度上决定了比赛结果。多数情况下，这种结果可以使自信达到更高程度。优秀的运动员都很清楚，一些特定的行为、特定的人、思考模式和想象出来的画面都会很快地破坏他们的自我意识。自信，或者说是自我肯定，就是一种感觉，同时也是一种意识。这种意识就是：您认为您能做好这件事，您会取得好成绩，而且您一定会成功。自信和信任自己的关键就在于对成功的认识。再没有任何事情比不断的失败更能使一个人快速地失去自信了。如果您已经失去了自信，那么，您的成绩将受到极为严重的影响——当然是在不考虑您身体方面的天赋和能力的情况下。

（2）对负面精神力量的处理

为了能在比赛中获得成功，就必须控制好一些负面情绪，比如担忧、生气、失望、妒忌、不满、恼怒和神经质。保持镇定、沉着以及注意力集中——这些性格特点与您是否有能力将负面精神力量的作用降到最低限度有直接关系。负面精神力量的控制要与将困境看成是一种挑战而不是危险的、令人丧失勇气的麻烦问题的能力联系起来考虑。如果人们带着负面的情感来看待自己的成绩，那么，这就会产生典型的反复多变的性格，以及过度的肌肉紧张和注意力不集中现象。对负面精神力量的处理特别适用于那些单纯依靠运动技巧进行的体育项目，比如，高尔夫和网球。

（3）注意力控制

能够使注意力持久地集中到眼前的工作上，对于取得好成绩是至关重要的。以前，关于这一点强调的还不够。注意力控制指的就是，使自己具备一种注意重要的事情并从思想上摆脱不重要的事情的能力。它目的就是让注意力集中到一点上，也就是说，在这个聚焦的过程中完全放弃自我。运动员越是能把自己投入到一项比赛中，他的注意力就越容易得到集中，此时，放弃自我就显得越发重要了。

运动员都发现，当他们的注意力非常集中的时候，就会忽略自己，就会失去自我意识。事实上，这种个人意识的丧失是通过一种转移的形式来实现的：当某个人自身完全成为被关注的焦点的时候，注意力就会被"我"所转移。集中注意力的这种能力是可以学会的，而且这种能力与运动员能够掌控所有积极作用的和消极作用的精神能力有直接关系。

4. 视觉及想象力的控制

已经取得成功的运动员无一例外都具备良好的、强大的控制视觉和想象力的能力。他们能够以画面的形式进行思考，也能够以使用话语的形式进行思考，但是，相比而言，以画面形式进行思考的能力更强一些。他们会有意识地把心里想象出来的画面引向一个正面的、有建设性的方向。为了在体育运动中取得优异的成绩，每一位运动员都要从一种最合理、最合逻辑以及最深层的思维方式转变到一种更加本能的、不被束缚的和直觉的思维方式，这是非常必要的。更确切地说，视觉的训练和想象力的训练在比赛之前以及比赛过程中都会使这种改变进行的更容易些。

接受可视化训练是最强有力的精神训练的策略之一。迄今为止，这些精神训练策略的产生就是为使愿望和目的转换为身体的成绩做准备的。而关键就在于中枢神经不能在已经根深蒂固的视觉感和事实上身体取得的成绩之间进行区分。因此，想象出来的画面内容越丰富、越详细、越真实，那么，画面的作用就会越有效。比起以话语的形式进行思考我们更愿意以画面的形式进行思考的这种能力，有意识地将心里想象出来的画面源源不断地向积极方向进行转变的这种能力，以及使所有的事情清楚详细地在眼前呈现出来的能力，通过相互联系都会得到改善。对于进行体育活动的能力来说，这就是一种具有绝对作用的精神力量。

(5) 激发积极性的能力

以高强度激发自身的积极性是一门伟大的艺术。确定一个有意义的目标，每天都制订计划并不断获得成功，以及正确对待失败——所有这些都是激发积极性的重要组成部分。当然，所有这些也都是可以学会的。可惜到目前为止，人们还没有更多地在体育运动方面强调激发自我积极性的意义。积极性的激发实际上就是一种能力，而这种能力也是一种最得要的能量来源形式，它能随时产生以供运动员使用，并且能够产生积极作用。

做到不受外界影响，将全部注意力集中到训练计划上，忍受疼痛、不适和自我牺牲——所有与个人继续发展有关的因素——这些准备工作都是与激发运动员自我积极性紧密联系在一起的。对于运动员来说，抛开个人身体能力和个人才智的因素之后，自我积极性激发的能力较弱就成了很难解决的麻烦。可以说，激发自我积极性是这七点中最重要的。

(6) 积极的能量

人们要具备保持积极能源可以不断产生和控制能源的能力。从总体来看，这就是指能从比如兴趣、快乐、向着目标努力的坚毅性格、坚持团队精神等这样的来源中获得能量的能力。只有当运动员的体内具备发挥积极作用的能量，才有可能获得最好的成绩。当运动员同时满足了沉着、较低程度的肌肉紧张以及注意力集中的条件时，这种能量来源才能使运动员具有获得内心充分活跃起来的能力。积极的能量与激发积极性的因素以及个人调节能力的发展都是密切相连的。

(7) 调节能力的控制

个人调节能力的控制直接反映了一个人的思维习惯。正确的观点会带来感情上的成熟稳重、内心的平静，同时也会源源不断地产生有积极作用的能量。可以说，优秀运动员都是遵守纪律的哲学家，一种特定的行为方式刻画了成功运动员的优秀性格。这一点表明，您的观点应该和那些在事业上已经取得了成功的优秀运动员相一致。

另外，您可以找来吉姆·洛尔博士的心理能力测试。借助这个测试，您就可以检测出在这七种因素中，哪些是您的强项，哪些是您的弱项。

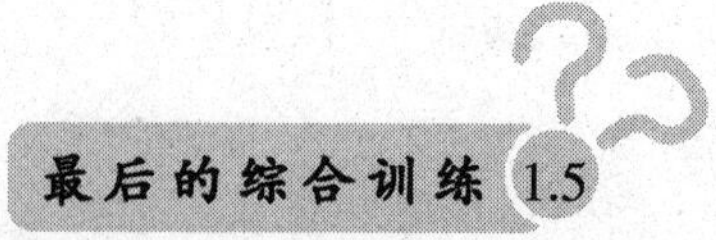

最后的综合训练 1.5

现在您会如何评价您的自我价值观念呢？

建议

如果您每间隔一段时间重复做一次这项测试，那么，只要您在表 2 填入数据，就能检测出您的自我价值观念是如何一次一次得到提高的。

表 2　检测自我价值观念

数　据		低				高		
有意识地生活并关心自己								
自己承担责任地生活								
战胜自己								
向着目标努力地生活								
拥有高尚的品格								

第二步：训练意志力

我要获得最高成绩！

从"尝试"到意志力

培养胜利者的意识主要指的是一种精神上的调节，这就是我们前面训练的第一步。现在，第二步主要是加强意志力的训练。意志力就是一种将全部精力集中到制订的目标上的力量，这种力量也可以使一些变化成为可能。

一位徒弟问他的师傅，什么是意志力。师傅抓住他的头按进了水里，开始的时候，徒弟以为这就是个游戏，他几乎没有反抗。但是，师傅继续用尽全力将慢慢失去空气的徒弟按在水中。最后，徒弟使尽全身的力量挣脱了师傅的控制，把头从水中抬起来，呼吸到了新鲜的空气。"现在，你已经认识到你的意志力了吧！"师傅说道。

大多数人并不具备真正意义上的生活的意志力，他们都只是在"尝试做"所有的事情。如果事情并不是像他们想象的那样很容易就可以做好的话，他们很快就会放弃做这件事情，并开始"尝试做"其他的事情。那些"尝试做"一些事情的人不具备意志力，他只是想找个借口，以便以后可以对别人说："我已经试过了，但是没有用。"大多数人的墓碑上都会写着："曾经尝试去生活，但是，也只是一种尝试而已。"

意志力是一种力量。这种力量真的可以使某些东西移动，当然也可以改变某种事物。这种力量就是坚持不懈、不屈不挠地使用所有能量，直到达到目标为止。“尝试”做事情的人只能取得一半的成功。“想”做事情的人能够完全投身去做这些事情，直到最后取得成功。荣誉不会落到刚刚开始做某些事情的人头上，而会落到成功做完了某些事情的人头上。如果一个人只是在生活中尝试做事情，那么，这个人就会一直是所有工作的外行。如果一个人能够圆满地做完所有的事情，那么，我们就可以称他为能手。

“我试着去赢”和“我想赢”，请您感觉一下这两句话产生的不同的能量。这两句话产生了完全不同的能量！在我们的小故事中，那位徒弟不是“尝试”活下来，而是他想活着，所以为了让自己再次呼吸到新鲜的空气，他用尽了所有的力气。

纪律要求意志力

毫无疑问，纪律这个词包含着两种不同的含义：这个词起源于拉丁语“disciplina”，不仅可以解释为“管教”，还有“教育”的意思。

纪律的含义

- 谁守纪律，谁就能“自如地运用自己的各种能力”。细想起来，这句话的意思像是说，纪律就是一种“自我”惩罚。某个人让其他人“守纪律”，或多或少有公开地、严厉地批评、处罚、惩罚的意思。这就是“纪律”这个词带给我们的不快感觉。
- 然而，不管是在体育运动中，还是在科学上，“纪律”还意味着一种体育运动形式或者一门科学分科。这里，教育的意思占上风：体育运动被人们理解成各种不同的“纪律”。那么，在“纪律”这个词中也隐藏着教育这种基本上令人有好感的意思。

为了能取得成绩（不管是在体育运动中，还是在工作中，或者是在学习中），具备“自我控制”的能力是至关重要的。从这种意义上说，“纪律”这个词的含义是：如果一个人生活中的所有方面都很和谐，那么，他这种有意识地生活就会使所有的一切都处于“正常”的状态。

即使对于已经学会有意识的自我控制的人来说，体育运动也是一种最好的训练方式。人们在生活中、训练中、比赛中都需要遵守纪律，这样才能更好地遵守体育运动中的规则。

所有的能手（生活、工作以及体育运动中）都是“守纪律的人”，不遵守纪律的人就不能在他的专业中成为能手。但是，能手守纪律的行为留给人们的印象并不是自我清苦修行，受尽折磨和拘束，而是轻而易举地做好自己的工作，以及他们沉着冷静的处事态度。所以，能手都是守纪律的，我们也就没必要要求他们更守纪律了。

测试一下您的意志力

借助下面的问题，最好以书面形式回答这些问题，您就可以判断您每天的生活同自律和意志力有什么样的关系。

测试题

- 您决心要做的事情，成功的把握有多大？用 1～10 分来评价您的这种能力，那么您就已经具有一定程度的意志力了。
- 在您看来，同您的榜样相比，您有多自律呢？您认为，您的意志力已经同您的榜样一样强大了吗？
- 目前，在您心中，您有没有一个特别想要实现的梦想、愿望或者是什么目标呢？在实现目标的过程中，您的意志力对您有多大的帮助？为了实现这个目标，您还必须具备多强的意志力（集中起来的能量）？
- 同过去相比，现在，您是更自律了，还是不自律了？什么时候发现的？为什么呢？今天，自律对您来说是变得更困难了，还是变得更容易了？自律对您来说是一种折磨，还是您自身就具有这样的品质呢？
- 您能回想起是在什么时候，您证实了您的意志力是很强的呢？

- 您能想起是在什么时候，您发现您的意志力很弱的呢？后来产生了什么后果呢？
- 您如何借助您的意志力改变您的饮食方式呢？
- 您如何利用您的意志力来改善身体训练呢？您早就已经想做，但是直到现在还没有付诸实际行动的事情是什么呢？
- 在对钱的使用问题上，自控能力是如何表现的呢？您会节约用钱吗？您了解，您是如何有意识地采取有用的方式存钱的吗？
- 您估计，在性方面您的意志力如何？为了性感，为了提高您自己以及您的伴侣的兴趣，您会定期进行重要部位的肌肉训练吗？
- 其他人是否曾经认为您很固执，或者意志坚强呢？对（您自己的）孩子们来说，您是否在意志力和自律方面是个好榜样呢？为什么孩子们会立刻辨认、赞赏和模仿您的性格特点呢？
- 您需要借助极强的意志力去做您感兴趣的事情吗？为什么？为什么不呢？在哪方面您有原则，哪方面没有呢？有什么区别吗？
- 检查一下，您当初为什么想要取得这些重大的成绩。是为了其他人，还是为了您自己？这些成绩回报给您的是什么？是钱，是奖状，是别人的称赞，是内心的满足，是满足了别人的要求，还是就是自己的责任感呢？更多的时候，您是通过外界的回报和其他人来激励自己的，还是通过内心的满足和个人的原动力呢？
- 您希望改变哪些生活习惯，或者是训练习惯呢？您想摆脱哪些“坏习惯”呢？此时，您是缺少意志力，还是感觉（“为什么我就应该做啊”、“人们什么也没有得到”）？
- 您是否曾经使用您的意志力，亲切友好地，或者有礼貌地对待其他人呢？即使您原本根本对他们没兴趣，或者那个人根本不值得您这样做？

- 您愿意拥有一种更坚强的意志力吗？您是怎样知道您需要增强您的意志力的呢？

综合训练 2.1

从这种自测中，您得出了哪些结论？

请您说出这些句子：我想……

从自我激发积极性到获得成绩

已经掌握了意志力，并且获得了自律能力的人就不再需要依靠别人来激发自己的积极性了。毫无疑问，如果人们能够自我激发积极性，那么，比起其他人要求的，他会取得更大、更好的成绩。

如果我们所有人以前在学校就已经学过这一切，那么，我们可能就不会遇到激发内心的积极性、能力、意志力和自律这样的问题了。但是，确切地说，我们在学校学到的都是相反的东西。

学校里影响自我激发积极性的因素

- 我们必须学习的东西都不是我们为自己挑选的东西。我们也不知道这些东西好在什么地方。我们不是为自己而学习，而是为了“取得好分数”，为了父母，为了老师而学习。我们必须做的事情都是由外界因素决定的，并且受到外界的影响。

- “学校的成绩”更多时候可以用来评估父母的虚荣心，而非自己确定的目标。你非常喜欢艺术，而且也有这方面的特长。但是，按照父母的计划，你必须学习数学。你的音乐才能不仅显得不重要，而且还受到了干扰。因此，你没有学会能给我带来快乐的东西，却学到了会让你得到肯定的东西。此时，我的个人意愿又算得了什么呢？好像其他人都清楚，什么才是对我最好的。自主，再见了！而且，如果你没有做那些别人想让你做的事情，你就得不到好机会。

- 错误总是一而再再而三地被指出来，被强调出来。你总是不断地听到“你这样做还不够好”这类的话。“你还什么都不会呢，你还要继续学习！”

- 学校里要求的纪律和激发自己积极性的纪律没有任何关系，而是一种被外界要求的行为，这样，老师才能“得到清静”。不遵守纪律、不听话就会受到惩罚。纪律在你在校期间就已经有了一种惩罚的味道。

综合训练 2.2

请您检查一下您对成绩、错误、纪律和积极性的看法。

您还有哪些伤疤是上学的时候留下的？

当您想到您的校园生活的时候，您的感觉是高兴，还是怨恨呢？

您对成绩、错误、纪律和积极性的看法今天是否产生了新变化？您学到了什么？

- 您是否把成绩看成是一种有积极作用的事物呢？
- 您生命中取得的最大的成就是什么？
- 您认为内在的成绩（只有您知道的成绩）是如何与您取得的外在的成绩（其他人佩服的成绩）联系起来的呢？

- **对您的自我价值观念来说，成绩产生了什么作用？您认为，您取得了什么样的成绩才可以让您大声地说出来："这就是我取得的成绩！"**
- **您下次想取得什么样的成绩？**
- **今天，错误对您来说会产生什么样的影响？**

大多数时候，成绩真的是卓越的。我们可以把群众的文化和他们取得的成绩进行比较。此时，我们甚至不必去想那些被称为"七大世界奇迹"的伟大建筑。而精神方面的成绩可能会对几百万人，甚至是一代人产生影响。想想孔子、佛祖、苏格拉底、耶稣吧！他们的思想影响了整个文化。如果这些人没有这样的"成绩"，那么，他们会变成什么样子呢？如果没有他们的成绩，我们会变成什么样子呢？

取得成绩是一件很美妙的事情。而真正的成绩往往超越了人们力所能及的范围。在某种意义上，这说明人们超越了自己，而成绩存在的时间会比我们活的时间还要长。一位做出过某些贡献的人给人们带来了什么意义，之后，这个意义就会成为他竖立纪念碑的理由。

体育运动中，我们很容易就能想到那些创造纪录的运动员。他们向人们说明了：这是可以的！

从一般成绩到最高成绩

每一位取得真正的成绩的人，都超越了他个人的极限。在这里，体育运动也是一种极佳的训练方式。对每一个人来说，这就涉及到持续不断地打破“成绩极限”，当然这对于参加同一个项目所有的运动员都是一样的。世界纪录就是当前的成绩极限，打破这个极限就是所有运动员的目标。

只能取得“普通成绩”的人是不需要意志力和自律的。因为，他总是在克隆已经存在的记录。我们可以把他形容为一位流水线工人。而且，他早晚都会被另一个人所取代。如果取得成绩变成了一种例行公事，那么，做这件事情就成了在原地绕圈子了。这件原本伟大的事情就会变得一般，随后，慢慢变得越来越让人感到厌烦。

真正的成绩总是人们付出“全部精力”的结果，是“还没有存在过”的，是一种长久以来就希望得到突破的结果。

已经在自己取得的成绩中找到了快乐的人总是站在那个可以打破的极限的边缘，最终也将取得个人的最好成绩、社会的最高成绩。

综合训练 2.3

请您确定，当前您在生活中的各个方面所取得的成绩！

请您专门确定一下，您在体育项目上取得的成绩！

到今天为止，您已经能够做到什么了？

现在，确定您在生活的不同方面是如何打破当前纪录，并集中全部精力去确立一个新的纪录的。

您个人取得的最好的成绩是什么？

为了取得这个最好的成绩，在意志力和自律方面，您必须具备什么？

为您自己制订一个个人训练计划！（这本书的下一步训练将为您制订的计划提供重要帮助。）

优秀的体育成绩需要做最好的准备

体育运动可以说是“季节性的工作”。在取得最好的成绩之前，大部分的运动员都需要进行长时间的休息和训练。两者对于优秀运动员来说都是非常重要的。正确的休息是为了以后在非常短的时间间隔（像在短跑中经常就是几秒的时间）取得绝对优异的成绩。

这种最佳的准备为比赛创造了什么？如何才能实现在关键时刻做好准备，进入最佳状态呢？

（1）身体的休息

如果肌肉得到放松和充分的休息，那么，它就会做出更多的成绩。只有肌肉系统是放松的，你才有可能取得最高成绩。肌肉出现痉挛就是能量得不到释放的标志。

您现在是否已经让身体得到了充分的休息呢？您是否有特别有效的休息技巧呢？

（2）内心的沉着冷静

宁静、平和的感觉会让我们的内心保持沉着冷静。在这个基础上，我们的注意力才会高度的集中。运动员在比赛的时候，经常会感觉事物是以慢动作的形式在运动，此时，他们脱离了我们的“线性时间”，而且他们的意识给他们打开了另外一个不同的时间尺度。

您了解内心的宁静和沉着是一种什么样的状态吗？或者更确切地说，您是个大忙人，还是个过急行动者呢？您在工作的时候会很快失去头绪、脱离重心，或者总是以自我为中心行事吗？对您来说，“内心的平静”意味着什么呢？您可以在一个没有音乐，没有谈话声，一个完全寂静的空间里待很长一段时间吗？您是不是能够很快再次回到那个以自我为中心的世界中并找到您的沉着冷静呢？您是如何做到的呢？

（3）轻微的恐惧感

因害怕而产生的不是一种健康的能量，甚至会是影响成绩的能量来源。只有具有积极作用的能量来源，才能提供有利的能量。利用这些能量，人们才能取得最好的成绩。没有人能够在承受恐惧的压力下还能取得好成绩。成功首先就在于能够排除来自生活的恐惧。什么会让您感到恐惧？您是如何成功解决那些让您最感到恐惧的事情的呢？您可以把无理由的“神经性”恐惧同“怯场”，或一种重大登场前的内心的激动区分开来吗？或者说，您具备不可动摇的自信心并相信生活吗？您的生活格言是“一切都会好起来的”和“随之而来的就会发生更好的事情”吗？

（4）全部能力、全部精力的投入

高水平的能量产生于有积极作用的能量来源。您一直保持精力充沛的状态吗？您是否投入了全部精力去工作呢？您总是努力做事吗？或者您正在做您希望做的事情吗？

（5）乐观主义

一旦遇到别人哪怕是轻微的反对，或者自己有点悲观的态度，那您就不可能（从积极的意义上说）在紧张的环境中保持沉着冷静的状态。一般来说，想法积极的思想家都可以成为最优秀的参赛运动员。您乐观地看待您的生活吗？在您心情不好的时候，您会做什么呢？您有行之有效的、让您恢复好心情的方法吗？您是否有意识地尽力让所有的事情都朝好的方向发展呢？您是不是已经拟定了一份感谢名单，名单上列出了所有发生在生活中值得感谢的事情呢？您是定期都会看看这份名单并进行一些补充吗？

（6）快乐

人们在享受生活的同时，也能获得快乐，这样，人们就可以取得更好的成绩。快乐和兴趣都是非常重要的钥匙。用这两把钥匙，人们就可以开启一扇进入放松、沉着冷静、不畏惧、精力充沛和乐观状态的大门。到底生活能给您带来什么快乐呢？您做什么事情会觉得快乐呢？对您来说，如何做才能“踏上快乐的路”呢？您知道，如何做才能带给别人快乐吗？下一次，您想把快乐带给谁呢？

（7）不费劲与轻松

人在努力工作的时候，必然会使身心都进入一种紧张的状态。但是，如果您能够坚持不懈地训练，并且具备能够为了取得 100% 的成功而抛开一切的能力，那么，您就会觉得做任何事情都不再费劲了。现在，做什么事情对您来说已经是不费吹灰之力了呢？做什么事情还有些费力呢？原因是什么呢？总的来说，您做过什么错事吗？或者您虽然做得是正确的，但是您觉得做得还不够完美？再或者为了不费吹灰之力就能做好这件事，您还需要进行多少次练习呢？

（8）下意识的动作

精神训练是一种准备工作。在成绩取得的过程中，思考会受到来自各方面的干扰，所以，此时“本能”，这种由丰富的内心生活而产生的程序，即“直觉”就承担并控制了下意识的运动过程。在您的工作、日常生活以及体育运动过程中，您会下意识地做什么事情呢？您是在哪里让您的“自动驾驶仪”活动起来的呢？您还需要进行什么特别训练，让它成为您自然而然的习惯，成为下意识的动作呢？（通常情况下，这将持续21～36天）。现在，您想养成哪些有积极作用的性格特点呢？

（9）头脑清醒和聚精会神

这是一种特殊的意识形态。什么事情都不能分散您的注意力。赛场是被感觉的，而不是被看的。比赛对手会做什么也是可以提前预料到的。您了解这种头脑清醒和聚精会神的感觉吗？就在这一刻，它们出现了，所有的一切都在慢慢地发展，就像是慢动作一样。或者是您的思维反应更快了，在一段很短的时间内就领会了所有的一切。您是如何进入这种特殊的意识状态的呢？通常情况下，这就是思考的不同方法。

（10）精神聚焦

精神聚焦是指为防止注意力发生方向的偏差，而将注意力集中到特定的目标上。这种精神聚焦的产生主要是与沉着冷静和高度的有积极作用的能量相联系的。集中注意力不是努力的结果，而是放松的结果。您能够在“完全放松”的状态下想事情吗？是在放松的但注意力又完全集中的状态下想事情吗？您上一次是什么时候有过这种状态的？您能想象，您实现了所有的愿望，在这个过程中没有遇到摩擦，没有辛苦，没有反对，没有压力，而是充满力量，就像海豚在海中游泳不需要使劲一样。

（11）自信

自信是一把成功的钥匙。任何人都有权利得到最好的东西，只要努力就能够获得信服、胜利和荣誉。您上次是什么时候产生的怀疑呢？是怀疑您自己的能力吗？您是如何处理的？您的内心是否有一个尺度来衡量自己的价值呢？您知道您的个人价值是什么吗？或者，您会低价出售自己吗？您敢说“我是唯一的，是很有价值的”这句话吗？您觉得这对您的内心有什么意义吗？是什么创造了您的价值？而什么又是低于您的价值且让您觉得有失身份的呢？什么才能让您觉得够体面呢？

（12）控制和和谐

这是一种自我控制，而不是被其他陌生力量控制的感觉。但是，这也是一种与目前状况相一致，完全和谐地生活的感觉。您了解这种“完全的和谐”，这种内心感到幸福的感觉吗？

这里，我们也可以认识到，对取得成功有重要作用的性格特点不只在体育运动方面有效，在工作中也同样行之有效。而且我们也可以认识到，所有这些性格特征在各方面所发挥的作用都是一种精神力量的表达。

现在，您如何评价您为取得成绩所做的准备工作？

根据这些问题，检测一下您为取得成绩所做的最佳的准备工作已经到何种程度了。如果您每隔一段时间就重新做一次这个测试并在表3填入数据，那么，您就能检测出，您所做的最好的准备是如何一次比一次更好的。

表3　为取得成绩所做的最佳准备工作的情况

数　据			低				高	
身体的休息								
内心的沉着冷静								
轻微的恐惧感								
全部能力、全部精力的投入								
乐观主义								
快乐								
不费劲与轻松								
下意识的动作								
头脑清醒和聚精会神								
精神聚焦								
自信								
控制与和谐								

第三步：训练深度休息的能力

保持放松的状态！

力量就存在于内心的平静中

没有一个人能够连续不断地取得最高成绩。即便是不断取得最高成绩的人，也会不可避免地感到筋疲力尽。与此完全相反的是：休息的艺术与从自身获得最高成绩的艺术只是一块奖牌的两个面。我们甚至能够确定奖牌的一个方面：越是能够进行深度休息的人，他的工作能力就会越高！这就是我们第三步要讲述的主要课题。

现在，我们所说的休息并不是指在晚上卸下所有的包袱，通过电视节目这样的被动消费来为第二天的工作所作的恢复性休息。同时，电视消费形式的休息价值也是非常值得怀疑的：人们观看紧张刺激的电影，而且一看就看到深夜，很晚才上床睡觉，睡得还不安稳，一大早又被闹钟吵醒，开始新一天的生活，还要辛苦工作好几个小时，整天都盼着再次能够“在晚上坐在电视机前的休息时刻”的到来。或许有些地方描述得有些夸张，但是，这确实不是能够释放出能量并获得最好成绩的“深度休息的艺术”。

真正的深度休息就是：

（1）**肌肉的休息**

每一位运动员都知道：肌肉出现痉挛的人是不可能取得最高成绩的。我们所说的最佳准备的首要前提指的就是我们所说的“身体的休息”。

（2）**感情生活的休息**

感情方面出现问题的人会出现内心的不和谐、内心的反抗、内心的犹豫不决、果决能力减弱的现象。

（3）**精神的休息**

我们总是回忆过去或者畅想未来，却没有想过此时此刻，这种持续的犹豫不决阻碍了我们获得最好成绩的最佳时机。

我们只需要观察一下自己，就会明白我们的肌肉在看电视的时候有多紧张。看电影的时候，我们会受到感染，我们的感情会有意识地随着电影情节的发展而发展，我们的精神也会受到迷惑：现在会出现什么情节？它将如何结束？电视消费可以说只是一种中级休息。我们是不会通过这种休息使肌肉放松的。

简而言之：谁想达到更高的目标，谁就必须掌握进行深度休息的方法。

睡觉——能量再生的源泉

人们要拥有健康的、有助于消除疲劳的睡眠！休息的艺术就是从有助于消除疲劳的睡眠开始的。

几百万人都在承受睡眠障碍的痛苦，所以，他们总是在白天感到困倦，无精打采，没有情绪工作。这样，身体、精神和心理都会变得不健康。为了能够睡得更好，一些睡眠质量差的人就会选择吃药。

睡眠障碍会引起或大或小的事故。如果人们在凌晨 3 点的时候醒了，然后又没有再次入睡，那么，人体免疫系统在接下来的 24 小时内就不能很好的工作。但是，如果人们能够在一整夜睡得很沉，很安稳，那么，免疫系统就可以恢复它的抵抗力。与人感到疲倦一样，免疫系统也有筋疲力尽的时候，也需要休息。

大多数情况下，只要您的注意力和行为做一点点改变，那么，在接下来的每一个夜晚，您都可以睡得沉稳，您就会拥有一个有助于消除疲劳的睡眠，因为睡眠障碍通常都是由不良的生活习惯所导致的。

实现拥有真正有助于消除疲劳的睡眠也是一项很好的训练。而且这根本不需要意志力作出努力，您只需要在午夜之前就上床睡觉，您就可以在被闹钟吵起来之前，自然醒了。

您有睡眠债吗

在“美国睡眠研究学家斯坦利·科伦（Stanley Coren）的睡眠测试”中，没有正确或是错误的关于测试的回答。您只要集中注意力，真诚地回答这些问题，那么，这个测试就会告诉您，您是不是拥有有助于消除疲劳的睡眠，或者您定期就会积累一些睡觉债务，您是否应该对您的睡觉习惯做出一些改变了。

请您用“是”或者“不是”来回答下面的问题。如果您的回答是“是”，您就获得1分：

测试

- 早上，您需要一个很吵的闹钟叫您起床吗？
- 闹钟响后，您是不是经常还要进入“等候环道”，还要再睡上几分钟呢？
- 您是否把起床看成是一场战斗？
- 有时候，您是不是听不到闹钟的铃声？
- 您有没有印象，喝上一杯啤酒或者是葡萄酒就会觉得很困？
- 您在周末是不是比其他时候睡觉的时间要长很多？
- 您在假期的睡眠与平时有很大区别吗？

测 试

- 您有没有感觉到，您的晨便不正常了？
- 做一些例行公事的事对您来说比以前更困难了吗？
- 在您还不想睡觉的时候，偶尔您也会睡着吗？
- 您坐着看书的时候就感觉非常困吗？
- 有时候，您看电视的时候，也会感觉很累吗？
- 您是否在坐飞机、汽车、公交车或者火车的时候感觉很累，旅行中就会睡着呢？
- 您是否在大吃一顿之后，虽然没有喝酒，但是，还会觉得很累呢？
- 您在看歌剧或者在看电影的时候，有想要睡觉的感觉吗？
- 如果您在开车，或者是发生堵车的情况下，您会不会有时候觉得非常累，都快到非睡不可的地步了呢？
- 您一天至少要喝上四杯咖啡或者茶吗？

测试分析：

•4 或者 4 分以下：您的睡眠充足，没有睡眠债。尽管如此，您仍要阅读一下如何改善睡眠的这些建议。

•5 或者 6 分：在大多情况下，您能够获得充足的睡眠。但是有时候，您也要忍受睡眠债带给您的困扰。此时，您的健康就会受到影响。检查一下，这是什么时候的事情，从日常的睡眠习惯中，您了解到了什么。

●7 或者 8 分：很明显您的睡眠不足。有时候您也会出现一段时间的心不在焉的精神情况，注意力越来越不集中，您的反应也变得迟钝了。您应该严肃对待您的睡眠习惯了。

●9 到 11 分：您有明显的睡眠问题，超负荷工作已经让您感觉筋疲力尽了，您还要注意工作上不能犯错误。如果您可以改变您的睡觉习惯，您的日常工作能力就会明显得到提高。您现在就应该采取必要措施偿还您的睡眠债了。

●12 到 14 分：睡眠赤字很严重。除了身体方面、工作能力的降低和注意力的不集中，您还会感觉身体经常不舒服、脾气暴躁或者情绪消沉。真不敢想象，这本书的读者会有这么严重的睡眠赤字。很可能他在读前几页的时候就已经睡着了。

●15 到 17 分：这种程度的睡眠债大体上已经达到要去医院进行治疗的程度了。一旦您的分数在几个星期后再次做这个测试时没有降到 7 分以下，您就需要进行专业治疗或者是借助有助于睡眠的药物的帮助了。

这个睡眠测试对您来说也是很奇特的，我们这些有助于精力恢复的睡眠建议希望能对您有所裨益。您一定知道：所有的一切都是可以改善，甚至达到完美的。

您还需要为获得有助于精力恢复的睡眠做什么准备

您不只是需要经常保持头脑清醒，还要保证至少6～8小时的有助于精力恢复的睡眠。

有助于精力恢复的睡眠就是指轻松入睡，以及之后的沉稳的连续睡眠。即使夜里会起来上厕所，您也可以很快再次入睡。如果您拥有有助于精力恢复的睡眠，那么，在起床的时候，您就会觉得浑身干劲十足，头脑清醒、有活力。如果您早上起来的时候觉得浑身没劲、很疲倦，那么，就表示您的睡眠没有帮助您恢复精神。有助于精力恢复的睡眠是精神和身体健康的前提条件。

如果您白天积极工作，那么，您的身体就会在晚上做好沉稳睡觉的准备，它需要通过睡觉获得休息。

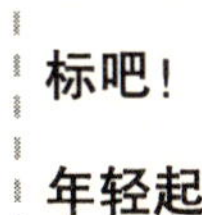

制订一个没有药物帮助，每晚就能沉稳地睡上6～8小时的目标吧！午夜前的几个小时内，身体就可以得到恢复并努力变得年轻起来。如果您能在晚上10点到早上6点之间睡足8小时，那么与您从午夜到早上8点睡足的8小时相比，您会觉得休息得更好。尝试下面的这个程序，您就可以获得有助于精力恢复的睡眠。

改善睡眠的好方法

（1）晚上的例行公事

● 晚上简单地吃点东西，但是要在 19：00 前结束。这样在睡觉的时候，您就不会感觉胃里满满的。

● 晚饭后去散步，但散步的时间不宜过长。

● 尽可能避免在 20：30 之后进行所有会让人激动或者不安的行为，或者做那些要求注意力高度集中的活动。

（2）上床睡觉

● 下定决心在 21：30 到 22：30 之间就把灯关掉。如果您还不习惯这么早就上床睡觉，那么，您就每星期都把时间提前半个小时，直到最后提前到 22：30。如果您一般看电视一直到午夜，那么，您就尝试坚持一个星期，每到 23：30 就把电视机关了，下一个星期再提前半个小时关电视，直到能够在 22：30 关掉电视。

● 上床睡觉前大约一个小时的时候洗个热水澡，在水中滴入几滴有舒缓疲劳作用的香精，像薰衣草、檀香或者香草。您也可以在您的卧室用香精灯散发这些香气。

● 蓄水的过程中，您可以用芝麻油或者杏仁油慢慢地做个全身按摩。

● 按摩后，在蓄满温水的浴缸中躺上 10 ~ 15 分钟。

● 洗澡的时候，在您的旁边放上一个香精灯，或者是放一根蜡烛，同时听一些轻柔的音乐。

- 接着喝一些热饮，可以喝一杯加了肉豆蔻和蜂蜜的牛奶，或者是一杯甘菊茶或者缬草茶。
- 如果您还是觉得很兴奋，那么，在睡觉前，您还可以写写日记。通过这种方式减轻心理压力，那么，在您睡觉的时候就不用反复考虑那些让您烦心的事情了。
- 睡觉前读几页有鼓舞作用的书，但是书的内容不能让您激动或者不安。
- 您不能躺在床上看电视或者工作。
- 一躺到床上，您就闭上眼睛。此时，注意您的身体，这就是说，让您的注意力不受任何拘束地在您的体内遨游。如果您还觉得紧张，那么，尝试有意识地放松。
- 简单地观察一下，您是如何平静而且轻松地呼吸的，直到入睡。

有振奋精神作用的午休

能够满足身体的自然需要的人，同时也能提高自己的工作能力和负荷能力，而一旦觉得眼皮很重，那就应该休息 15～20 分钟。

事实上，只有大约 20% 的人属于典型的早上型，只有 30% 的人属于晚上型，而大多数人则属于白天型，当然也可以根据睡觉来划分。这里说的不是指睡觉的长度，而是像维也纳维克托·法兰克（Virtor Frank）教授所说的“睡觉的量”。法兰克教授认为，睡觉的量包括睡觉的长度及睡觉的沉稳度。这就是说，有些人根本没必要睡很长时间——这主要是因为他们虽然睡眠时间短，但却都是深度睡眠。

首先，请您说明，您想采取什么办法来改善您的睡眠。

改变您的睡觉习惯，直到您可以在早上不再需要闹钟就能起来，同时又感到精力充沛。周末，您不必“睡足”，就能有一种从来没有过的真正的“有充分准备的假期”的感觉。因为要去度假的人是不需要那些“充分的准备”就能正确地享受假期的。

那么：为了获得有助于精力恢复的睡眠，您的训练要如何进行呢？

进行性的肌肉放松

进行性的肌肉放松，准确地说就是身体休息的一种最容易学会并掌握的方法。这主要是指通过进行身体锻炼，而不是精神训练（比如自然发生的训练）来实现的肌肉休息。

身为医生的雅各布森（Jacobson）博士早在20世纪30年代的时候就通过研究确立了这个方法。他断言，人们可以通过先让肌肉紧张起来（直到发抖），然后再放松的方式可以最有效地达到有意识的肌肉放松的效果。如果还想更清楚地感觉那种紧张和放松的感觉，基本上就是重复每一步进行练习了。

进行性的肌肉放松，基本来说就是指在短时间内用力分别收缩各部位的肌肉，持续几秒后，有意识地再“放松”，这样就能达到身体的完全放松（当然精神的作用参与其中也起了一定的作用）。这样短时间内首先收紧肌肉，之后——这是最主要的程序——再通过放松肌肉达到休息的目的。此时，人们选择站立或者坐着的姿势也是很重要的。如果准备好了一块硬垫子，那么，也可以躺着进行这项练习。但是，值得注意的是，在肌肉放松的时候，千万不要屏住呼吸，而是让身体保持平静，不要移动。

现在，您开始慢慢收缩某个部位的肌肉，并慢慢地收紧，增加它的紧张程度，这样您就不会感觉到肌肉痉挛，肌肉僵硬了。然后，保持这种紧张状态5～8秒，最后放松。在肌肉放松的同时，您将明显感觉到肌肉是如何伸长并相互分开的。当然，您不仅要训练运动肌，训练骨骼肌也同样重要。

掌握这项练习对您来说是一件很容易的事情。您只需要花足够的时间进行这些练习就行了。不过在开始的时候，您或许需要10～15分钟的时间。

单个练习步骤

右手：

首先从右手开始，把手攥成拳头，接着开始慢慢地把手指收拢，就好像要将柠檬挤出汁儿一样。轻柔地、慢慢地收紧，提高紧张的程度，保持这种紧张状态——然后放松，休息。以同样的方式从右手开始再来一遍。当拳头攥得非常紧的时候，您就继续把这种紧张传到前臂上，收缩前臂的肌肉，提高紧张的程度，保持住这种紧张状态——然后放松，休息。第三次还是从右手开始。当拳头攥得非常紧的时候，将这种紧张通过前臂继续上传到上臂。收紧所有的肌肉，提高它们的紧张程度，保持这种紧张状态——然后放松，休息。

左手：

从左手开始，然后到左前臂，最后到左上臂，分同样的三个步骤做这项练习。

右脚：

从脚趾开始，慢慢地、轻轻地收拢，提高紧张的程度，接着继续往上，沿着脚掌到脚后跟，然后往高处到小腿肚，提高紧张的程度，保持紧张状态——然后放松，休息。

左脚：

现在，从左脚开始，以同样的步骤进行这项练习。

两只脚一起：

在这个练习中，您要将这些单一的肌肉看成一个小组同时放松，这点是很重要的。在练习之前，您可以想象，在您的两脚之间夹着一个很大的球。如果您想用脚把这个想象出来的球挤出去，那么您的脚就不能移动。您要集中所有的注意力提高这种紧张的程度。感觉一下，这种紧张感是如何从您的脚出发，通过小腿肚，最后延伸到膝盖的。提高紧张的程度，保持这种紧张的状态——然后放松，休息。

膝盖：

现在，我们想象一下，膝盖之间夹着一个球。与之前描述的一样，以同样的形式用膝盖挤压这个球。这种紧张首先会扩展到大腿，然后向上延伸到臀部，提高紧张的程度，保持紧张状态——然后放松，休息。

臀肌：

现在，您慢慢收拢臀部肌肉，直到您感觉整个骨盆周围的肌肉都已经紧张起来了，您就提高这种紧张的程度，保持紧张的状态——然后放松，休息。

腹部：

您要慢慢地轻轻地收紧腹部的肌肉，提高紧张的程度，保持紧张状态——然后放松，休息。轻轻地、慢慢地绷紧腹肌。向外推挤使得腹肌更紧张，提高紧张的程度，保持紧张的状态——然后放松，休息。

肩胛带：

尝试从肩膀开始，从外向内收拢胸腔，提高紧张的程度，保持紧张的状态——然后放松，休息。在放松和休息的时候，应该会有胸腔相互分开的感觉，再重复进行一次这种练习。将肌肉从肩膀向内部收拢，紧绷肌肉，此时，尝试将这种紧张感沿着背部向下延伸，直到您感觉已经延伸到了臀部。同时收拢臀肌，提高紧张的程度，保持紧张的状态——然后放松，休息。

头部肌肉痉挛也经常是导致注意力不集中和头疼的起因。在头部肌肉放松的时候，请您按照下面的方法来做。

额头：

尝试皱眉，让额头的皮肤收拢，提高紧张的程度，保持紧张的状态——然后放松，休息。在放松和休息的时候，您会觉得皮肤很松弛，而且变得光滑了。

眼睛：

轻轻地、慢慢地压紧眼睛，慢慢地提高紧张的程度（但是注意不要和收紧肌肉的强度相同)，提高紧张的程度，保持紧张的状态——然后放松，休息。

鼻子：

鼻尖朝着眼睛向上拉伸，绷紧肌肉，保持紧张的状态——然后放松，休息。

嘴唇：

双唇同时挤压，不要碰触到牙齿。越来越提高紧张的程度，保持紧张的状态——然后放松，休息。

下颌：

放松下颌，然后把下颌向右移，绷紧肌肉，保持紧张的状态——然后放松，休息。然后向左侧做同样的练习。

后脑：

慢慢地将后脑朝肩膀的方向向下拉伸，同时不要移动头和肩膀。此时，提高肌肉的紧张程度，保持紧张的状态——然后放松，休息。休息的时候，您会感觉脖子就好像被分开了一样——再过一段时间，这种感觉会更加强烈。

下巴：

尝试将您的下巴朝胸前向下拉伸，但是头不要移动，再次绷紧脖子，提高紧张的程度，保持紧张的状态——然后放松，休息。

进行性的肌肉放松主要适用于在您感觉筋疲力尽、肌肉痉挛或者有压力的时候。开始的时候，您必须让自己慢慢习惯这些练习所产生的效果。但是，随着每一次的复习，这种练习的效果会越来越明显。当然，您最好每天进行 1 ~2 次这样的进行性的肌肉放松练习。

如果您掌握了这种练习方法，并牢牢地把它们记在脑子里，那么您以后就可以随时进行这种练习了，这样也就有了健康的保障。为此，在您身心放松的状态下，您可以在心里形象地想象一个特定的标记。以后，当您再想到这个标志并让这个标志形象地出现在眼前时，在一定程度上，您就会盼望进入这种放松的状态了。

您在训练的那天把（估计出来的）“放松前的水平”和“放松后的水平”，根据 0 到 10 的标准制作一个表，这样您的训练日记就会告诉您，您的训练结果是什么了。

默想的表现性舞蹈

卡布里尔·罗思（Cabriele Roth）——舞蹈与运动老师，她同样认为跳舞是一种休息的方式，跳舞不仅使身体得到了休息，还使精神和心理也得到了休息：“如果我们的身体不停地运动，那么，我们的心理就会以最快的速度达到平静。”同时她对运动作了如下的分析：

内心的五种原型的节律

- 流动型：一种流动性的运动，非常女性，像水一样。
- 断奏型：那种男性的、充满力量的、跳跃式的运动。
- 杂乱无章型：那种完全不和谐的、突然的、爆发性的运动，女性的流动型的节律向男性的断奏型的节律过渡的运动。
- 抒情型：那种富有表现力的、娓娓道来的运动。
- 平静型：宁静的、安静的、修身养性的运动。

因为竞技运动员对这种形式的休息特别感兴趣，所以我们才会说起这种形式的休息。这里，身体运动本身就可以起到药物的作用（就像太极，或者像程序化了的来自亚洲的身体运动）。但是卡布里尔·罗思认为，这种运动不应该是提前就规定好的。每个人都可以随着放出的音乐翩翩起舞，就像是要通过身体的运动表达音乐一样。录像带到处都可以买到，用这些录像带，人们自己就能很容易学会跳舞。

所以，我们要特别指出的是，如果人们已经学会像游戏般地、舞蹈般地掌握这五种基本的运动方式，那么，这对体育能力将会有特别重要的促进作用。体育运动中，下面的这些运动形式经常是互相交换进行的：爆发型的力量运动、和谐的耐力运动，接着就是为了将全部注意力集中到目标上而进入的绝对安静的状态。

您已经掌握了身体休息的哪些形式？

您会定期去按摩，做些有氧运动或者进行晨练吗？

您想学习雅各布森博士的“进行性的肌肉放松”吗？有药物作用的舞蹈对您来说具有身体休息的作用吗？

您选择了哪种方法？您多久使用一次这种方法？这种方法得到改善了吗？

精神休息

精神休息主要是使心情平静下来。它能够产生一种安宁、沉着、冷静、平和和满足的感觉。

对于这项练习，您要么需要技术性的辅助工具（听着唱片的休息式的旅行），要么需要专业的助手（休息教练）进行休息的引导。当然这里还要区分很多种不同的情况，所以听着唱片，每个人都可能很快就进入到适合自己的“被引入的休息旅行”的状态。

休息音乐对放松心情和精神也有帮助。但是，人们应该静下心来想一想专门为休息谱写的音乐，而不是立刻把每一种“有放松作用的”流行音乐看做是休息音乐。

下面，从一系列专门为运动员准备的唱片中，您就能找到一篇文章作为例子。

我是为自己做这件事的……

……现在突然感觉非常舒服了。我闭上眼睛，很容易就让自己放松了。

我感觉现在非常放松，身体也松弛下来了。

当我把眼睛闭起来的时候，我感觉自己的意识越来越清晰；我感觉自己进入了自己的体内，意识完全充满了我的身体；我感觉自己想要运动，同时还感觉自己希望像现在这样舒服地躺着。现在，我的身体保持着这种平静的状态，一动也不动。让身体完全放松是非常有意义的。

我开始注意我的呼吸，什么也不做改变，只是观察。在我观察呼吸的同时，还渐渐地将呼吸加深，非常平静地深呼吸，平静地深呼吸。

我听到自己非常平静地深呼吸声。我继续平静、沉稳地呼吸着，因为是生命让我呼吸，所以我感觉非常安全。

我清楚地感觉到气息如何在我的体内游走，并充满了我的身体。我充满了活力，我感觉非常舒服、平静、放松，我感谢自己还活着。

我全身充满了平静、和谐的感觉。我的心中只有安宁，我感觉自己真正地存在着。一种神奇的安宁渗入到我的整个生命。我的内心感到安宁，感觉非常舒服。

随着一口气，我越来越深地沉入自己体内……

我沉入我的存在中；我感觉到我内心的安宁；我与世界合二为一；我的心中充满了安宁。

现在，我的心中涌动着一股暖流，从腹部涌出来一股一股的暖流。现在，这份流动的温暖正流过我的头部、腹部，经过臀部，向下到我的双腿。我只是顺其自然地让它发生。同时我也感觉到了这份流动着的温暖是如何使我的肌肉得到休息和放松的。我的内心一片安宁，我与世界合二为一。我的思想正在穿过我的头部，我要去感觉一下，身体的哪些部位还处于紧张状态，哪些部位已经软化了、放松了。当我感觉到紧张的部位时，我就会集中注意力，让这份流动着的温暖流到那里去。一种神奇的舒适感流入我的头部，我轻轻地呼吸，并把空气送到头部的各个部分。我轻轻地深吸一口气，让空气流入我的头部，紧张感就渐渐地消散了。

我感觉自己的头部已经焕然一新了。

我再次回到目前的状况，我感觉我的呼吸，感觉我的头部。如果我现在睁开眼睛，那么我一定会觉得精力充沛，浑身充满了动力。于是，我睁开眼睛，我的确感觉到非常舒服和放松。

综合训练 3.3

精神休息中，什么适合您？

您听过休息音乐，并有意识地进行这些练习吗？

为您自己寻找放松的幻想旅行，并进行训练！

默　想

默想可以实现精神的完全安宁，甚至可以达到内心空白的目的。今天，对于许多人来说，默想还是印度大师或者是日本禅师的一种不可思议的方法，其实默想可以很简单。这里我们请托尼·施瓦茨(Tony Schwartz)来说两句，他曾经在他的《什么才是真正算数的》(Was wirklich zählt)一书中描述了他的一些默想经历：

Example 实例

由于许多实际原因，1989 年我开始默想，主要是想通过这种方式减轻精神上的疲劳感。我对大师和宗教仪式、心灵复活或者意识的更高境界都不感兴趣。我觉得这些都太神秘了，神秘得让我觉得不切实际，我就是单纯地想学习默想。

我读了一些关于人们应该如何默想方面的书，然后就开始进行一些简单的练习：注意力集中到一个字上，在吸气、呼气的同时重复这个字。我对曼特拉①不感兴趣，所以我选择“一”这个字，并决定每天早上醒来后

① 梵文 Mantra 的音译词，意思为颂歌，咒语（尤指四吠陀经典内作为咒文或祷告唱念的）

就立刻找一个固定的时间默想这个字。如果每天都有一大堆的事情堆积到我的面前——我知道，我会觉得很遗憾，也就不必默想了。

问题是，我很快就已经发现这些原本认为非常简单的事情，其实是一件我必须完成的非常困难的工作。我写文章或者坚持早上慢跑时使用的方法，现在对我来说一点也没用。开始进行的时候，什么也不想或者将注意力集中到一个字上，坚持20分钟就好像是人们要求一个孩子一动不动地坐上20分钟一样，一点作用也没有。我很快认识到，我的思想占据了我的身心。

开始的时候，我认为多坚持几分钟都是一件不能忍受的事情，并且有一种不安的感觉。这时，我的思想就开始开小差了，突然就会想起早就忘记了的各种责任。我坚持不了多久就会想拿起笔，在纸上做笔记。我沉浸在我的白日梦中，捉摸过去发生的事情或者制订未来的计划。如果有什么想法或者突然的灵感，我就会再次拿起笔将其记下来。然后，我才能停下来，但是已经不能按照这么简单的要求去做了。有时候，身体的疼痛也会转移我的注意力，比如膝盖疼、后背疼、额头还痒。或者我会沉浸在我的幻想之中，很想睡觉，甚至坐着都要打瞌睡了。此时，我感觉很难再集中注意力。我可以非常确定地说，这个誓言本身已经再次成为一种分散注意力的东西了。为了一动不动，把注意力集中到“一”字上，我做了所有可以想到的努力。此时，我就像在还不了解的情况下同一位非常机智的对手进行一场激烈的斗争一样。

令人惊讶的是，我从来没有想过要放弃。可能是因为我感觉能够控制意识是一件非常伟大的事情吧！一动不动就可以相继在很短的时间内停止各种想法，这听上去非常振奋人心，只要能够坚持到底，就不是白费力气，即使我的意识像迫击炮一样占据我整个人长达20分钟长的时间。其实，不屈服、不放弃就已经够让我感觉很满足了。

最后，如果我没有下定决心，我很可能就要延长开会的时间。当然，我必然会想起日常生活中的琐事。但是，我也注意到我对我的意识正在听之任之。其实，我根本就不需要用这么多的注意力或者沉浸于其中。我想如果它们再次回到脑海中，我还会再次听之任之的。我抗拒它们的次数越少，它们蜂拥而来的力量就会越弱。有时候，我非常容易分心，特别是压力非常大或者心不在焉的时候，但当会议结束的时候，我觉得像以前一样高兴。尽管如此，第二天早上我仍然会再次坐下，从头开始。

几个星期后，我经历了战争以来的第一次平静的休息，我可以较容易就把注意力集中到“一”这个字上，并且可以有规律地呼吸了。同时我也达到了一个更深或者说是更高的话语和意识的境界，这是我从来没有经历过的。不合逻辑地说，如果不深思的话，我感觉我的意识变得开阔、明朗了。如果注意力在意识、感觉和身体的感觉之间不杂乱无章地跑来跑去的话，那么我就可以更好地集中注意力了。我会把注意力集中到我选择的一个对象上，我不再有不安的感觉，不会思想不集中或者陷入各种思绪中。不知为什么，我的内心就好像与友好的观察者有一段距离一样。

多数情况下，在我睁开眼睛之前，我根本不会注意到发生了什么不寻常的事情。我才意识到，好像只需要几分钟就能感觉到的事物，在现实中可能要花上20分钟，有时甚至是半小时的时间。如果这种情况出现的话，我反而觉得更没有负担，更安心，甚至还会有种更幸运的感觉。默想虽然没有导致生活发生突然地、重大地变化，但是，我还是注意到了一些细微的变化。

比如说，我更有精力了。如果有什么事情让我感到不安，我会更容易而不需要意识的努力就可以恢复内心的平静。随便什么时候，我都会进行测试，比如说刚发生了一件让人气愤的事情之后，我就会直接坐下，开始进入默想的状态。而且事实上，只要我一动不动地坐上至少 10 或者 15 分钟，最令人厌烦的恼怒，最大的失望或者极度的绝望也会消失得无影无踪。有时候，所有的一切都会直接消失。出现这种情况的时候，我就好像找到了一个比较安全的港湾，也可以说是一个避难所。即使周围都是狂风暴雨，这里还是寂静、安宁的。吸引我的就是，我可以确定我的控制力不弱，而是很强大。如果能够压抑住思考、分析和表达的想法，我就可以感受更多的乐趣了。

最吸引我的就是我可以确定我的控制能力没有变弱，而是变得更强了，心情变得更好了，特别是当我能够控制自己想要思考、分析问题和表达看法的时候。

开始的头六个月中发生的两件事情让我看到了它们不同寻常的实践作用和意义。某一天早上，当我在等待开往曼哈顿的火车的时候，发生了第一件事：上车的时候，我突然有一种不适的感觉——头有点昏昏沉沉的，看一切东西都有重影。这种现象经常就是偏头痛出现前的、不宜混淆的、准确无误的征兆。在我 17 岁之后，偏头痛会偶尔发作，这时，我就要忍受这种不舒适的感觉——那种剧烈的头痛，就好像是用一把木槌用力地在头部的一侧敲打一样。这种偏头痛一年要发作 2 ~ 3 次，但是每一次发作都要持续 8 ~ 10 个小时。这段时间，我什么也不能做，只能把自己关进一个黑屋子，躺下来休息，闭上眼睛，吞下几乎没什么作用的药片，简直就像是在地狱一样。

但是这一次，没有让我可以藏身的黑屋子。我坐在火车上，正要去赴一次非常重要的约会，而且这次约会还非常难筹备。出于绝望，我决定闭上眼睛，准备用实例来检验，默想是否有所帮助——将我所有的注意力集中到其他事情上，而忽视这些偏头痛的预兆和接下来的疼痛。

当我们驶进车站的时候，我勉强睁开眼睛。此时，30 分钟已经过去了。让我吃惊的是，我没有看到重影，也没有感觉到疼痛。虽然已经出现了所有准确无误的征兆，但是我却没有偏头痛，这是第一次。

后来，我为这种现象找到了有说服力的生理学解释：偏头痛的征兆就是由头部血管变窄影响供血导致的。如果血管用力扩张，头部就会产生巨大的压迫，这样就产生了木槌敲击似的头痛。默想过程中，注意力集中和内心的平和在一定程度上使头部供血恢复正常。为此，我获得了对自然的人体过程的控制。第二次出现这种接近偏头痛的征兆时，我再次验证了这个方法，同样起到了作用。从那时起，五年多过去了，我几乎没有再犯过偏头痛。但是，如果再犯偏头痛的话，就不是那么难以忍受了，因为默想可以缓解这些疼痛。

第二件事情也是发生在火车上。那是秋天的一个舒爽的晚上，当时我在纽约火车站，没能准时吃上晚饭，所以我准备坐火车回家。当火车从火车站出发开进隧道的时候，灯突然熄灭了。大约 10 分钟后，火车停了下来。检票员通过扩音器告诉乘客，出现了电力问题，但是他没有说明修理需要持续多长时间。

我和同行的乘客除了安静地坐着，在隧道里等待之外，什么事情也做不了，我认为这样一点也不好。我很早就把交通拥堵看作是对个人的侮辱，而且耐心也不是我的专长。而且现在到处都是漆黑黑的一片，对我来说这简直就是一种折磨。同行的乘客看上去也不是那么有信心。我听到他们不停地抱怨和叹息，也能够感觉到他们的怒气在明显地增长。

抛开所有的事情，我闭上双眼，在寂静中将注意力集中到“一”字，同时慢慢地、均匀地呼吸。很快，我就失去了对时间的任何感觉，完全进入了默想状态。我坐的时间越久，我的心就会越平静。

最后，当灯再次亮起来，火车开动的时候，我看了一下表，90分钟已经过去了。我默想了这么长时间，但是我的感觉就像没有默想过一样。而且我感觉时间好像才过去二三十分钟一样。8：30下车的时候，整整晚了两个小时，我甚至感觉比以前还要放松。我太太根本不敢相信，因为她已经警告过孩子们了，我回家的时候，心情一定很糟糕，他们最好不要惹我。

这件事对我的影响很大。现在我知道，当我超脱意识、集中注意力的时候，我就能进入一种平静的状态，进入一种与外界事物脱离开来的幸福的状态。我感觉就好像是在玩一个较大的拼图游戏，结果有一小块不知道放在什么地方了。默想的确是一种非常有效的休息方法。但是，现在我更加感兴趣的是它能帮我领会那种唯一的意识状态，以及这种状态还可以帮助我找到更大的智慧。

现在，您估计您的休息能力达到什么程度了？

建议　**请您根据表 4 中描述的题目，检查一下，您距离达到最佳休息状态还有多远的距离。请您每间隔固定的时间，重复做这项测试，把数据填入表格，这样您就能检查出您的休息能力正在一次一次得到多大的提高。**

表 4　最佳休息状态的测试

数　据		低				高		
有助于恢复的睡眠								
使人精神振奋的午休								
身体的放松								
有放松作用的音乐								
幻想畅游								
默想的音乐								
默想								
静止和沉思的时间								
紧张降低幅度								

第四步：排除一切障碍

什么事情也不能阻挡我！

所有的一切都向积极的一面发展

或许在上一步训练中，您就已经能够确定：要么您已经没有什么压力了，而且也能够更好地排除压力；要么压力对您来说已经是一项真正的挑战了。虽然压力还不是我们真正要研究的课题，但是在第四步训练中，压力将不再是您真正的负担。我们将在第四步训练中解决您其他的压力问题，这样就真的没有什么事情能够妨碍您，阻挡您了。

在第四步训练中，我们的核心任务就是研究人们是如何理解“精神训练”的。因为那些阻挡我们获得个人最高成绩和社会最好成绩的就是您给自己设置的精神障碍和心理障碍。而且，这些主要都是一些“消极的意识”。由此，我们把这一步训练也称为“积极思考的力量”。

为了不被误解，这里我要说明：生活中当然有很多消极的事物，至少看上去是这样的。而且“积极思考”的意识不是说，只看阳光的一面，而不看阴影的一面，也不是去否定或者赞美那“半个世界”。积极思考就是要找出所有事物积极的一面，而积极的一面就是有发展能力的一面。我们不能一遇到黑暗就感叹命运，而是要点燃一盏灯去照亮黑暗。因此，积极思考可以让所有的事情朝好的一面发展。“精神训练”就是训练我们的这种神奇的力量。

我们经常对发生的事情不闻不问，任其发展。但是实际上，我们是有能力让事情按照我们的意愿发展的。我们有选择权，有如何反应的自由。面对不利的事情，我们可以用它做借口屈服，或者把它作为一种挑战。我们能够发挥自己所有力量让这件事情有所进展，这也是我们的选择。精神训练可以帮助我们避免更多没有任何益处的事发生，反过来让更多有益的事件发生。

我们必须清除大多数障碍，因为这些障碍就是削弱我们自信的一些想法。

"我做不了这件事情!"

"我没有机会"、"我还不具备做这项工作的能力"

"这是不可能的"

……

这些想法不但不能增强我们的自信，反而削弱了我们的自信。如果我们经过了系统的"精神治疗"，那么所有削弱我们自信的想法都会转变成增强自信的想法，进而就会产生坚定的、不可动摇的自信。解决问题的方法就是积极思考，这就是目的。

提高自信的十个步骤

下面要描述的十个步骤将帮助您提高自信。不管您目前的自信达到何种程度，它们都会产生一定的作用。如果这些步骤慢慢地成为您每天的生活习惯，那么这时您已经有能力接受任何挑战了，因为您相信自己，相信自己的能力。

（1）确定您愿意接受的极限

两个经常发生的错误会完全破坏自信：

- 错误地接受所有的极限，并且自己承担；
- 屈服于自己承担的极限是绝对错误的，无意义的。

建立自信也意味着——您要选择愿意承担哪些极限，不愿意承担哪些极限：

上帝，请赐予我面对那些无法改变的事物时的力量；增加我面对正在改变的事物的勇气；赋予我区分各种事物的智慧。

这种古老的祈祷，已经帮助无数的人们明确自己的付出和努力到底是为了什么。

确定的极限才是真实的。人类不是鸟，没有辅助工具，就不能在空中飞翔。但是只要借助正确的工具就可以实现这个梦想!

大多数极限是要求自己来负责的。大多数讲述人类创造的伟大成就的故事总是用同样的话开始的:“人们曾经说过,这是不可能的!”

比如说运动员、教练、医生和其他专业人士都会一致认为,没有人能在4分钟内跑完1英里。但在1954年一位叫做罗杰·班尼斯特(Roger Bannister)的年轻人,创造了这个纪录。自那以后,许多运动员都能在4分钟内跑完1英里的路。

> 其他人的观点和您的自我怀疑,都不能动摇您对自己的能力和您要实施的计划的信心。自信其实就是内心的一种感觉,这种感觉能够让您实现您的理智认为不可能的事情。但是,如果您没有对这种轻微的感觉做出积极地反应,那么这种感觉就会越来越强烈,直到在某一个具体的事件中达到顶峰。

这个秘诀就在于选择。这一步的秘诀就在于您要正确地选择您想要接受的极限和拒绝的极限。开始的时候,的确很难进行选择。您的成功有时候或许不在于发现如何做才能够更好做出决定。但是,至少也不会变得更糟糕了!您至少尝试做了一些事情,这样至少比什么都不做要好些。您尝试的次数越多越频繁,您就可以更加了解您的特长和极限,那么,选择对您来说也就会越来越容易,越来越自然。您内心的那个“真正的自我”一直都很清楚,您能做什么,不能做什么。如果您积极对您的自我做出反应,那么您将发现您在不知不觉间变得更加自信了。

(2) 注意力集中到您最大的优势上

已经取得了重大成就的人都希望找出集中能量的秘诀，他们深入研究了内心的各种能力之后发现，他们最有能力做什么，什么是最值得他们投入全部精力去做的。而且他们还总结出了将全部精力用于实现唯一的目标。“多数情况下，您要先把最厉害的牌打出去”，这是一个很好的建议。如果您学会把注意力集中到您的优势和才能上，那么您就会感觉到您的自信是如何增长的。

比如说，体育方面的专业人士大都认为，处于黄金时代的穆罕默德·阿里(Muhammed Ali)是不可战胜的，因为他总是强迫他的对手“同他进行战斗”。他“像蝴蝶一样飞来飞去，像蜜蜂一样到处蜇人”。在这些格言和这种自我欣赏的背后隐藏着一位伟大的战斗家。他知道做什么对他最好，什么可以让他保住自己的地位。那么，许多较强的拳击手都相信他是“最强大的”，也就不足为奇了。

如果您想让自己变得自信，那么您就要让整个世界都参与您的这场比赛，您可以感觉到您最好做什么，您最喜欢做什么。然后就这样度过您的一生吧！您做的越好，您就会越自信。

(3) 增强您的内心信念

您要学会对自己好一些。准备一个表格列举您所有的胜利和成功。面对您的成绩，您会对自己的能力更加自信。只有失败者才会将注意力集中到自己的弱点和错误上。

与您意识到的相比，您已经在多方面得到证实，您是自信的。当还很小的时候，您就已经很自信了。在您迈出第一步之前，您就已经相信您可以走路。在您咿呀学语之前，您就相信您会说话。同样，在您开始工作之前，您就相信您可以出色地做好工作。因为，您相信自己的能力。

相信就是说“接受某些事物是真实的”。好的结果就是我们采取行动，就好像某些事物是真的一样。如果我们采取行动，那就说明我们接受了自己的能力，那么我们就可以确定，它们是真的。自信就会对我们说“你能行”——然后我们就会取得成功。

(4) 做好成为最好的准备

如果您想要获得超越自己能力范围的成绩，那么您就必须做好相应的准备。只有这样，您才能充满信心地踏上生活这个竞技场，充满勇气和信心地与您的对手交战。即使您完成了基本工作，您还是必须尽全力准备。如果不准备，您也不能成为能手。

> 一般来说，自信可以使胜利者比对手占有一点优势。只有充分的准备才能带给您自信，相信自己的能力。

(5) 与那些相信您的朋友们保持交往

您对自己说的话是最重要的，我们喜欢根据内心为自己设定的期望来生活。但是，人们说出来的那些超过自己能力的话会对自信产生很大的影响，因为我们同时也要尝试根据周围环境的期望来生活。如果您对一个孩子一直说他很笨，当他长大后，他也会相信您说的。但如果您对一个孩子寄予很大的期望，那么这个孩子以后很可能会成为一个伟人。

您是否注意到，某些人动摇了您的自信，致使您对自己产生了怀疑。与此同时，您从那些能够使您的自信增强的人那里获得了力量。有的时候，让您惊奇的是那个动摇您自信的人并不是您所认识的人中对您来说真正重要的人，而经常是一些总是抱怨的、思想狭隘的人。与此相反，那些总是嘲笑您的能力的人在一定程度上还会鼓励您。

马克·吐温（Mark Twain）曾经说过：

远离那些试图贬低你的远大目标的人。有小聪明的人都会采取这样的态度。但是，真正的伟人都会让你感觉不管用什么方式或者方法，你也能够成为伟人。

好好与那些给您自信的人交往吧！他们对您期望很高，经常鼓励您，认为您能够完成所有的工作。有时候，人们也可以找到像优秀书籍中描述的这样的人。

建立自信也是生活中每个人都能获胜的比赛。或者换一种说法：您也可以把这个过程反过来。您可以帮助其他人建立自信，鼓励他们实现真正的人生价值。通过那种真正的朋友之间的相互鼓励，您将获得更大的自信。

（6）从错误中学习

如果您什么都不做，您可能什么错误都不会犯，但这却是所有错误中最大的错误。某些错误可能会导致严重的结果，不过，这些结果有时候与开始时的“掉以轻心”无关。但是，不出毛病、没有错误，就说明一个人没有积极的一面。聪明的人都会从错误中学到有用的东西。如果失败者在还没有尝试的时候，就选择放弃，那么他肯定什么也不会得到。

> 如果您想要建立自信，那么您就要学会采取正确的态度看待您的错误和疏忽。用您准确的感觉去感受隐藏在直接结果下面的东西。通过斟酌自己所犯的错误对您的长远目标、生活的基本目标以及您作为人特有的价值的影响，而不是对产生的直接结果的影响，这样您就能建立自信、保持自信了。

您不能剥夺自己作为人犯错误的权利。大多数错误只是您在实现生活目标的路途中的一些很小的绕行线。错误极少是灾难性的，更多时候，不管是灾难性的，还是非常可惜的错误，许多都只是对犯错的人的一种调节。那些能够在犯错和失败后，重新武装起来，看到未来的人不只可以拯救他们的自信，还可以增强自信。

（7）学会接受建设性的批评，忽视吹毛求疵

没有人喜欢被批评！即使真的是我们没有尽全力，我们也知道这些。但是，让我们难过的是，必须被一位受人欢迎的人批评，他肯定我们还能做得更好。

> 事实上，那些因我们工作质量差，付出努力不够而对我们不满意的人才是我们真正的朋友。他们会非常得体地让我们理解，他们对我们还有更大的期望。这些批评在一定程度上甚至是对我们所做

的事情的一种补充。如果您学会冷静地接受那些有建设性的批评，那么您不仅可以获得更好的成绩，还可以通过批评认识到自己的不是，从而来增强您的自信。

但是，那些嫉妒您的、不可靠的或者消极的人们的低劣的恶语中伤就是另外一回事了。您获得的成功越多，取得的成绩越好，您遭遇到的这种吹毛求疵也就越强烈。您最好不要理会这类批评！通常情况下，这种批评对于提高您的成绩没有什么好处，相反还会不断地破坏您的自信。如果可能的话，您可以从中学到某些东西。否则，您就忘记这些，继续走您自己的路好了。

（8）庆祝您的胜利

即使您已经尽力，或者成功地做了一些事情，但把所有的功绩都归功于自己就是自私的。不过，有时甚至也可以明显地增强您的自信心。

即使是另外一个人将您的工资袋装满了，您也是在为自己工作。您要学会友善地对待为您创造价值的职员——即友善地对待您自己！一位女士曾经说过，她的老板用假期、定期的涨工资和社会补贴来显示自己的慷慨大方，他还一直努力营造一种舒适的工作氛围。“但是如果他直截了当地说，你要为这些努力工作，那么我宁愿选择放弃这些。”她说。

如果您的成绩和努力得到了肯定，从而您能够为自己的胜利庆祝，那么这些对您的自信很有好处。

（9）保持谦虚

大多情况下，狂妄、自负的人迟早都会从马上摔下来。许多人能够不费吹灰之力战胜挫折，继续前进。但是，成功也会使他们堕落。他们很容易就会忘记他们是从什么地方来的，还会轻视那些他们认为远远不如他们的人。

在狂妄、自负的人的身上经常会发生一些有趣的事情。面对周围人们的意图，他们会陷入偏执狂的状态，脱离那些有求于他们的人。紧接着，他们就会开始怀疑自己是否有能力保持已经取得的成绩和水平。或许，他们会通过在背后说对手的坏话来伪装自己的自信，尝试通过击败其他人的方式来使自己处于通风的高处。

> 如果您不断地炫耀您的成绩和能力，那么，这就是您的内心将要产生不安的迹象，而不是一种自信的迹象。如果您想维持与朋友们的关系，那么，就请您用正确的观点来评价您的能力和业绩，这一点非常重要。而且，这对您建立自信也有很大帮助。对此，弗兰西斯·培根（Francis Bacon）爵士认为："一个人越少谈论他的成就，我们就会对他的评价越高。"

"谦虚来自了解"，这就是说，了解我真正的成就不是来自于我，而是来自于我的自我，我只是这个大型音乐会上的一个小乐器而已。

（10）不断地开拓眼界！

如果没有遇到新的挑战，我们将会很快发现，自己就像是在破旧的轨道上抛锚了一样。如果您的回忆（过去）对您来说比您的目标（未来）更有意义，那么这就说明您老了。

然后，很多人都在谈论“过去美好的时光”，越来越少的人说起他们将要面对的未来。我肯定您也看过那些描述过去生活的电影：一位老演员一遍又一遍地朗读以前演出时的报告；一位被打得晕头转向的拳击手给一个小孩讲述他以前多么优秀；一位上了年纪的运动员用泪水模糊的双眼看着从前获得的奖杯；又或者是年长的人们在谈论他们很多年前所取得的伟大成就。

建议

如果您还没有到拿退休金的年龄，那么这些事情也很可能会在您的身上发生。今天，人们会经常听到那些很快就发财致富的年轻人说，他们已经实现了人生目标，已经开始慢慢觉得无聊了。如果我们检查一下，我们是否患有什么精神上的疾病，那么我们会越来越频繁地发现一些像“横冲直撞”、“中年危机”、“自动侵略”、“内心解雇”和“提前退休”的概念。建立健康自信的最好方法就是：不要停止学习，努力提高自己！过去就让它属于过去吧！

综合训练 4.1

现在，您如何评价您的自信？

建议

根据这十个步骤测试一下，您的自信有多强。请您固定每隔一段时间，重复进行这项测试，并在表 5 中填入数据，这样您就可以检测出您的自信一次一次地有怎样地提高了。

表5　自信测试

数　据	低							高
超越极限的意识								
注意力集中到强势上								
内心的信念								
做最好的准备								
有利的交往								
从错误中学习								
接受有建设性的批评								
庆祝胜利和成功								
谦虚								
开拓眼界								

肯定——具有改变的力量

精神训练中，“肯定”作为自信、自我意识和自我实现的工具具有十分重要的作用。肯定就是一些清楚明白地表达积极意义的话语和句子。肯定的思想都会集中到肯定当中：我一定要说到做到！或者，就像在《圣经·旧约金书·以赛亚书》第55章第11节中以散文的形式描述的一样：

我口所出的话，也必如此，决不徒然返回，却要成就我所喜悦的，在我发他去成就的事上（发他去成就或作所命定）必然亨通。

肯定要以下面的三个规则为基础：

（1）**我们外部的表现（就像我们感觉到的一样）就是内心的表现、占统治地位的思想和观点的反映**

总是认为世界对他不好的人将在他遇到的所有事情中都得到证明。甚至是天气也会破坏他的心情。但是，认为世界是美好的人会把所有事情看成是学习和成长的挑战。天气就是天气，天气不会影响心情，只会影响服装。

（2）**想法的改变也将改变我们的表现**

真正可以改变我们表现的想法，也同样能够从感情上让我们感动，以至于每次面对那些古老的思想我们就会痛哭流涕。这类思想或许就是："你热爱生活——生活就会爱你"。现在，停下来，感受一下您的内心是否已经被这句话感动了，您是否认为这个观点是对的，您的内心有什么样的感觉。就让这句话也在您身上发挥作用吧！过几天，观察一下，您的世界观是否已经发生了一些变化！

（3）**我们的想法是通过写出来和说出来的话表现出来的**

如果您产生了想要改变事实的想法，那么您就要立刻采取行动。一个本能的、一言不发的、真挚的拥抱要比"我爱你"这样一句话更具说服力。生活中的各个方面并不是都能用语言来表达的：什么是爱？什么是上帝？但是，我们想要改变什么地方，让什么地方发生些什么事情，表达的这个步骤是可以写出来、说出来的。由于这种想法，一份公开的声明就会变成一种信仰，一种信条。这就是肯定的意义。

"肯定"总是会成为一些事情发生的导火索：要么增强您内心的观点，坚定您做这件事的信心；要么就会引起一种内心的反抗。另外，"肯定"也会暴露出一些（内心的，还没有意识到的）消极的现象，但"肯定"能同时将这些问题解决！

我们把"我是最伟大的人"这句话作为例子。它对您的内心有什么影响？肯定还是怀疑？请您简短地把这句话在您内心产生的影响记录下来。

或许这句话正好唤起了您内心相反的观点，同样的观点比如"事实上，我就是一个失败者，一个废物”。像往常一样，它反映了您内心的一些想法，这些想法对您的自我认识非常重要。但是，请您不要取笑这句话！因为，这句话曾让穆罕默德·阿里成为世界拳王！

现在，我们拿出另一句话：“现在，我活得最好。”这句话现在对您的内心有什么影响？

您肯定会陷入沉思。您的内心马上就会提醒您，比如“我还没有我应该有的生活呢”、“我还没有尽全力”、“我还可以创造出更多的东西”。或许也会想到：如果不是现在，那是什么时候？

现在放松一下，讲个关于伟大的爱尔兰作家萧伯纳（George Bernard Shaw 1856－1950）的小故事。

就在他死前不久，一位记者请他一起玩一个叫做“如果，那将是什么”的游戏：“先生，您曾经在几位世界最著名的同时代作家家中做客。您认识许多君王、作家、艺术家、学者和高官显贵。如果你再活一次的话，而同时您可以迅速成为像您所认识的那种人或者是任何一位历史上的重要人物，那么您想成为谁呢？”

“我想成为萧伯纳应该成为的人，是他过去从来没有成为过的那个人。”这就是萧伯纳的出色的回答。您也能够成为您能够成为的人！而肯定就是这条路上的神奇的工具！

一种能够得到积极生活观点的精神治疗

请您大声的朗读下面的肯定观点：

- 我喜欢我自己。
- 我看重我自己。
- 我必须付出一些特殊的东西。
- 我应该幸福。
- 对我来说，只有最好的才够好。
- 我是一个优秀的、受欢迎的人。
- 我喜欢现在的我。
- 我喜欢我的本性。
- 我承担起生活的责任。
- 我非常重视自己。
- 我充满信心、自信。
- 我是生活的能手。
- 我用我的爱，面对所有我遇到的人。
- 我拉近所有公开的、友好的关系。
- 我是一个值得爱的人。
- 我是一个理想的伴侣。
- 我喜欢站在其他人的旁边。
- 我喜欢性生活。

- 我吸引我理想中的朋友和情人。
- 我准备建立一种心灵的关系。
- 每天都会有创造性的想法、疯狂的主意浮现在我的脑海中。
- 我认为生活令人激动。
- 我找到了我的爱好。
- 我准备放下心中的顾虑，实现生活目标。
- 我的内心充满了丰富的灵感。
- 我必须知道的所有事情都已经向我显露出来了。
- 我的体内充满了源源不断的创造力。
- 我将使用我的创作力来获得我生命中最大的成功。
- 在我个人的剧集中，我就是作者、导演和演员。
- 我相信自己，我相信我的直觉。
- 为了实现我的梦想，我找寻来自各个领域的人帮助我、做各种准备并采取经济手段。
- 当我做喜欢的事情的时候，我感觉生活很美好。
- 我做我喜欢的事情，并得到报酬。
- 我找到了合适的职业，这样就可以顺利过完这一生。
- 我已经开始找工作上的突破口了。
- 我没有经济方面的顾虑，而且工作得很开心。
- 我工作很出色，也得到了丰厚的报酬。
- 我总是在正确的地点，正确的时间接受正确的工作。
- 我能够发挥全部潜力。我的工作就是我生命中所有的爱。
- 我认为努力挣钱来维持生计是一件很棒的事情。
- 我总是有足够的钱。

- 按照我的愿望，我花钱很有计划，从不乱花钱。
- 我付出的越多，收获也会越多。
- 我的收入超过了支出。
- 我应该很快就富裕起来。
- 财富不仅让我幸福，还让其他人幸福。
- 我挣钱的时候，其他人也在挣钱。
- 我取得成功的时候，其他人也会取得成功。
- 我得到的比我需要的多，所以我会用我的整个生命来分享我的所得。我的酒杯永远都是满满的。
- 这对于所有人都是足够的，当然对我也一样。
- 我运用所有的智慧让许多钱流向我，然后再通过我流出去。
- 我得到的越多，那么其他人得到的也越多。其他人得到的越多，那么我得到的也就越多。所以渐渐地我得到的会越来越多。
- 我很高兴我获得了持久的幸福。
- 每一天，我的各个方面都会越来越好。
- 我爱我的身体，并慷慨地对待它。
- 我的身高正好，身材也正好。
- 我是一个强壮的人。
- 每天，我体内的所有细胞都闪烁着充足的光芒。
- 我身体健康，生活幸福，事业辉煌。
- 我浑身散发着健康的气息。
- 我的身体就是一个安全舒适的地方。
- 我的睡眠令我觉得放松，感觉清新。
- 我具有实现目标，实现愿望所必需的能量。

- 我的身体得到了治疗，已经复原，现在充满了能量。
- 我就是一条盛满爱和精神解脱的沟渠。
- 我按部就班，生活的方方面面都安排得井井有条。
- 我获得所有我需要的东西。
- 生活中所有的一切都很美好，我真的得到了赐福。
- 所有的事物都在为了实现美好的生活而共同努力。
- 宇宙随时随地养活我，保护我。
- 所有我衷心希望的都会成真。
- 如果这扇门关上了，那么那扇门就会打开。如果我失去了什么很有价值东西，那么只是为某些更好的东西空出了位置。
- 方方面面我都得到了引导。
- 生活在这个时候，这个地方，将我害怕陌生人的病症治愈了。
- 奇迹会发生。如果我内心的发展达到第一步，那么其他所有的需求都会得到满足。
- 每天，从生活的方方面面中，我得到了更高的智慧。
- 我值得拥有宇宙中无限的供给。
- 我看到所有问题中都隐藏着的利于成长的机会。
- 我倾听发自内心的声音，信心满满地实现我听到的。
- 我是唯一坚持为自己、为别人提供最好的人。
- 如果我按照我内心的想法做事，那么全宇宙都会支持我。
- 我放开自己，把一切都交给了生活。
- 我的毅力和坚决将创造奇迹。
- 一切都发展的很完美。
- 生活随时为我准备好了美好的东西。

- 我要对所有的一切说声谢谢。
- 我要问候我生活中发生的所有变化。
- 我要从每一种我遇到的状况中学习。
- 我要释放旧的知识，给新的知识空出位置。
- 我要宽恕自己和别人，我是自由的。
- 宽恕就是对自己的报酬。
- 我为所有人祝福，宽恕所有已经对我造成伤害的人。
- 就像我宽恕别人一样，我也会得到别人的宽恕。
- 不论在哪里，我都能看到服务的机会。
- 我的意志和力量合二为一。
- 我不断完善自我。
- 好机会不断地出现在我面前。
- 我的信仰让我更加完美。
- 生活中每一次经历都会让我更接近生活。

请您在每一次发自内心肯定的时候做记号，这将是增强您积极生活的标志。今后，您每天都大声地朗读一遍这份肯定。

然后，您做一个列表，上面列出您得到了哪些肯定。您写下来，这些肯定对您的内心有什么影响。这个列表将会成为您用来治疗消极、错误观点时使用的精神疗法。

如果您进行一段时间的这种“精神疗法”，通过强化了的、明晰了的肯定来消除内心障碍，唤醒您内心的所有潜力，这样您就会取得巨大进步。您将赢得对自己、对生活的一种积极的观点。

我们想补充的是，“肯定”还会影响另外两个方面。这两个方面对您来说是一种特殊的挑战：您如何解决压力和麻烦？

能够减小压力的肯定

减小压力的方法

- 我将尽我所能地付出全部精力，把牌扔到它该落下的地方。
- 我集中注意力，努力把工作做到最好。
- 不管发生什么事情，我都会从比赛中得到巨大的乐趣。
- 长久以来，我一直期待着这次相遇。
- 压力就是一种让自己承担，并在精神上受到控制的东西。
- 虽然今天我还没有成为最好，但是今天也不是世界末日。
- 输赢对追随者来说有意义，但是对我来说很简单，就是一场比赛而已。
- 我喜欢身处逆境，形势越艰难，我越能赛出好成绩。
- 我感觉一直都挺好——不管发生什么事情。
- 不管遇到什么状况，我都感觉很轻松，心态很“平和”。

肯定——有助于解决麻烦

“事情的发生都与人们想的截然不同”。这句常被人引证的名言虽然不能准确地表达出精神训练的中心思想，但是，它仍然有助于对抗那些出乎意料的事件和麻烦。以解决问题为目标，使自己适应麻烦要比受到麻烦的惊吓好得多。

对于麻烦，你会有这样的感受吗？

- 麻烦会更加突出我的能力——没有麻烦，也就没有能力的表现。
- 我完全能够控制住比赛中出现的麻烦对我产生的影响。
- 为了成为一名优秀的运动员，我必须先成为一名解决麻烦的能手。
- “问题”这个词在德文中是以PRO开头的，意思是赞成我，而不是反对我。
- 我没有输，只是时间对我来说实在是太短了，要不然我肯定可以解决这个麻烦。
- 正确对待麻烦意味着已经解决了80%的麻烦。
- 如果没有麻烦，每个人的内心都是坚强的，麻烦就是检验我们情感控制最好的测试。
- 要想喜欢比赛，我就必须喜欢解决困难以及突然出现的工作。

- 如果这些麻烦是想象中最具挑战性的，那么我认为我就是最好的。
- 在比赛的过程中，慢慢地我就能成功地把“麻烦”转变为“可能”和“机会”。
- 解决麻烦就是说，能够排除麻烦。面对生活的各个方面，我就是一个解决麻烦的能手。
- 你们给我找些有难度的工作吧——我需要实践！

比赛前的肯定

- 我已经做了充分地准备，我感觉我的身体和精神充满了力量。
- 我感觉我体内的所有细胞都乐意参与比赛，它们在比赛中都会尽全力发挥作用。
- 不管遇到什么出人意料的情况，不管是内心还是外表，我都会表现出冷静和坚强的一面。
- 我身体健康，愿意集中所有的能量取得最好的成绩。
- 从现在开始，我的全部注意力将集中到比赛或竞赛上。
- 我集中注意力实现我的目标。
- 我充满感激地接受每一个结果。

从体育运动中获得的心灵启示

在您获得体育方面的成就之前，您要先获得一些积极的观点，也就是思维习惯。下面的观点可以检验个人的观点，如果有必要的话，还可以改正个人的观点。

对您自己说（最好大声地朗读）：

建议

我终于确信，保持积极、乐观的状态对于获得好成绩多么重要。保持积极、兴奋的状态也是一种能力，而不是直接自行出现的。我知道，通过按部就班的工作、练习、全心地付出，慢慢地就能够消除内心的消极态度。就像许多重要的观点一样，决定也是一个问题。我已经决定保持积极的态度。而且我也认识到，排除消极的思维习惯需要时间。但是，我愿意花费时间来学习，而且我也会成功。

心灵启示

（1）乐趣和娱乐

如果我喜欢什么工作的话，那么我就能出色

地完成这些工作，为取胜而参加比赛——换句话说：我就会取得好成绩。我要说的是，因为我赛出了好成绩，所以我得到了乐趣，这就意味着我把这个获胜的过程记到了脑子里。如果我可以获得乐趣并感觉快乐，那么我就可以进行一场精彩的比赛。只有在比赛中获得奖励和乐趣之后，我们才可以直接认识到这一点的重要性。如果我们为此而努力工作，在体育运动方面的争论过程中坚持这种观点，那么不管出现多么恶劣的状况，我都会选择享受比赛，从中得到乐趣。

（2）获胜和失败

获胜是我的重要目标，但是，我也很清楚，强迫自己必须获胜对自己非常不利。我的全部精力不应该都放在获胜上，而应该放在我的能力范围内和我全力付出上。在任何时候，尽全力都是我的目标，也是我全部精力的集中点。那么，获胜也就是理所当然的了。事实上，我就是在同自己进行“比赛”，而不是同其他人。大多情况下，我就是我自己的最细心的观察者，并且通过赢得同我自己的这场“战斗”（比赛），铺平战胜对手的胜利之路。那么，如果我能创造正确的内心状态，那么我才有可能赢得同我自己及外界的这场比赛。

（3）错误

为了达到学到好东西，完善自己的目的，错误是必不可少的。它们也是学习过程中的重要组成部分：如果我不犯错误，那么，我也学不到任何东西。失败是一位最好的老师；错误是一种必要的反应。当我兴奋激动的时候，我就不会注意到错误的意义也不会使自己适应当时的情况，所以我必须重复犯错。当我成功的创造正确的内心状态时，我就可以在比赛中尽可能地少犯错，少失误。在进行体育运动的过程中，没有比确立最佳工作状态和自信更好的方法了。

（4）压力

我认为，压力就是我让自己承担的某种东西，它不是直接降到我身上的。压力以及所有由此产生的紧张都是来源于我观察某种情况的方式方法。不管是把某种情况看成是一种威胁，还是看成是一个令人激动的自我挑战，这都是由我自己来决定的。如果我把它看成是一种威胁，那么消极的感情因素就会出现：紧张、害怕、恐惧。如果我把这种同样的状况看成是一个令人激动的自我挑战，那么就会释放出一股积极的能量流，唤起对抗反应。与压力打交道的过程中，最大的挑战就是从精神上把它看成是一种积极的自我挑战，而不要看成是一种威胁这种将危机转变成一种有利的机会的过程，自始至终都是在我的思维中发生的。

（5）控制和身体控制

世界上最伟大的运动员偶尔也会出现内心“僵化”现象，我同意这个观点。我有能力，而且也愿意找出坚决控制这种问题出现的方法，但是我从来没有受到过它的影响。这种“僵化”——就好像勒死某人的这种感觉——就是一种准备做些冒险的事情的标志。这也是唯一的一个在任何时候都可以学会掌控这件事的方法。我越是担心这种突然的无力感，产生这种感觉的机会就会越大。如果我把某种状况看成是威胁，那么这种“僵化”就会出现。事实上，这和我错过了保持正确的内心状态的时机没什么两样。这不是我性格懦弱或者我个人的错误，而是在做好最佳竞技准备之前我还没有做好充分的精神准备。

（6）个人成绩

我一直努力做出最好成绩——不管什么情况。对于低于100%的成绩，我表示不满。我将一直努力达到工作能力的最高阶段，这也是我在这一时刻能够做到的。作为运动员我为已经达到的或确立的目标感到自豪。不管是我做出不利于自己的事情，还是值得骄傲的事情，也不管比赛中会出现多么艰难的情况，我都会尽全力。我有勇气，而且随时准备投入超乎寻常的能量。

既然我已经给自己确立了目标，那么我就要承担起实现这些目标的责任。我随时准备着发动全部的能量，来实现这些目标。即使出于某种原因，我没有实现目标，或许是因为我受伤了。但是我知道，我一定会为自己的尽力而感到自豪。

我完全清楚，成功不会等待什么事情发生，而更多的是导致什么事情发生。简单地保持成功并不能让我感到满足。比起防御，我的基本态度是进攻；比起被动，我更愿意主动。为了获得成功，我坚持进行训练。是的，我“追求”成功！

我也很清楚，作为运动员，我的未来掌握在我自己的手中，我获得了什么，我在什么地方失败了。获得什么是我个人努力的结果，我会为自己承担全部责任。我的命运每天都在被塑造，塑造成我梦想的样子，我想的就是我要做的。作为运动员，我的生活就是以获得成功为乐趣。

精神力量的信条

比赛过后：您自己要意识到：是否能够获胜并不是您能完全掌握的。比赛就是比赛，而不是一场话剧演出，它的结果不是由编剧或者导演早就计划好的。比赛的结果是最后自动产生的。

对所有人而言，在比赛中避免听任别人的话是很重要的。喜欢参加比赛是十分重要的，我们参加比赛是为了获得更多的实践经验，而不单单是为了顽强拼搏获得胜利。

在比赛后，不管比赛结果如何，您都能越来越明确地支持下面的信条，那么下面这些有助于增强精神力量的信条就可以让您获得长期的成功。

能让你获得长期成功的精神力量

(1) 比赛中，我已经付出100%的努力——不管结果如何

换句话说：凭直觉来说，您已经认真地进行了比赛。从比赛开始到比赛结束，您已经尽力了。不管怎么样，您都不要说："如果我再努力一点点儿，我就可以做得更好。"要记住您已经尽力了，也承担了失败的风险，因为您已经发挥了自己的最佳水平。

（2）比赛过程中，我的所有最重要能量和我的观点，即使是在发生危机的时候，或者在逆境中也一直是积极的

换句话说：当麻烦出现的时候，您既没有产生过消极反应，也没有做出任何表示不满的事情。如果您的观点是，对待这些麻烦的反应就是把它们当成是一项挑战，感觉受到了鼓舞，而且坚决接受这项挑战，那么您现在就走在发展最佳运动员的精神状态的最好的道路上了。

（3）比赛过程中，我的身体一直处于一种具有抵抗能力且坚强有力的状态，主要是在有危机的情况下

换句话说：您看上去像是一位胜利者，不管比分如何。整场比赛下来，您都已经表现的像是一位充满自信的战斗者了。

（4）我没有什么好辩白的

换句话说：您从来没有利用某个问题作为借口来为自己辩白或者辩解。您不用因为某些事情对某个人或者某些事负责，您只是为您的成绩负有全部责任。

就像上面提到的：如果您——不管比赛结果如何——在比赛后看到这四种解释能明确地回答“是”，那么您就成功了。而且通过建立内心的精神力量，您也不会再对自己的能力产生怀疑了。

走出竞技低谷

建议

- 您要承认并接受您的危机，这就是您目前的观点、信念、思维方式和您的自信程度产生的结果。懦弱时期最容易让您产生易怒的情绪，并且出现挫败感、无力感、罪恶感。在这种情况下，您最好坚信心理和精神革新会对您有所帮助。
- 即使这个训练只是一两天的事情，如果可能的话，请您中断您平时的训练计划。这对您最终能够中断“消极螺旋”非常有用。
- 请您每天有意识地尝试从您所进行的体育运动中获得乐趣，让您重新对体育运动产生新的热情，感受到新的吸引力。请您检查一下您的个人目标。为了走出这个低谷，您需要一种新的活跃的动力。这种动力可以自行转变为一种高级的、积极的能量。
- 提高您的身体条件。您想一想：身体越强壮就意味着精神力量越强大。
- 每天两次，每次 10 ~ 15 分钟，重新确立您的观点、信念和思维方式。请您每次在开会之前，都休息 5 ~ 7 分钟，从可视化的使用和想象训练中获得一些精神图片。想象一下，您是如何达到新的、令人激动的竞技高度的。“看”并“感觉”

建议

一下，您的自信是如何增强的。重新规划一下，您所感受到的内心世界，但要尽可能的清晰并切合实际。对您自己多次重复地说："我有了新的突破……"。练习恢复"胜利的感觉"。

- 不要强求什么。您要排除压力，让您的突破自行发生。那么当内心条件都适合的时候，它就会发生了。

重要提示：

在这个训练阶段，我们进行了两项非常重要的综合训练（确立自信、精神治疗）。这些训练也属于基本训练，您最好重复做几次这些训练！

第五步：使能量预算达到最佳程度

没有尽头的能量!

最佳成绩要求最大极限的能量

进行过前面的一些训练步骤以后，您已经——可能我们没有清楚地表达出这一点——解决了精神上的能量堵塞，在某种程度上，也可以说是大脑中的症结：

- 一种坚定的自我价值观的建立；
- 意志力的解放；
- 通过休息实现能量释放；
- 精神障碍的消除。

这就好像我们将已经堵塞了的管道系统清理了一样。同时，能量就可以毫无阻碍地在您的体内流动了。现在，您就能充分利用那些您能够使用的能量了。换句话说，您已经提高了能量使用率，您的精神活力也得到了改善。虽然您还没有仔细去感觉，但是您也能够感到自己变得年轻了。

因此，现在我们就可以继续下一步了。为了获得个人的最好成绩，您还必须在关键时刻最大限度地释放能量。成绩的好坏与我们能够使用的能量的多少密切相关。为了实现上述的画面：将管道系统清理完之后，能量就可以通过这个系统自由流动了，也就是说，竞技能力已经得到了提高。

两种能量的区分

• 原则上，我们可以提高生命力，所以就会不断地产生更多的能量、活力和力量。基本上，您是可以感觉到体内充满了很多能量，身体充满了巨大力量的，而且您的工作能力更强了。

• 同时，我们也可以储备能量，这样当面对特殊的比赛时，最大限度的“爆发性的特殊能量”就可以供我们使用了。

有意识地进行能量管理

思考就是一种可以再次对能量产生影响的东西。如果说最终生命是由能量构成的，那么精神训练主要就是能量管理。如果我们能量管理，也就是说，有意识地创造并控制能量，那就意味着：

精神训练就是能量管理

- 建立一种积极的能量螺旋：与使用的能量相比，获得的能量更多；
- 避免或者排除消极能量（这需要花费并牵制住一些能量）；
- 将消极能量转变成积极能量；
- 从积极能量源中创造能量；
- 积极程度低的能量向积极程度高的能量进行转变；
- 在希望的时候建立积极能量以及控制能量朝希望的方向进行合理分配。

对于体育运动中的精神训练来说，这主要意味着：

- 充分利用作为积极能量源的身体、情感、心理和精神能量，并使之达到最佳程度。这样才可能做好最高程度的竞技准备。

- 建立能量使用和能量更新之间的平衡。同时，进行定期或者长期的休息，这与在短时间内提取最强的工作能力一样重要。休息的越好，获得好成绩的可能性就越大。
- 从获得新成绩的挑战意义来说，合理分配压力和控制压力可以提高能量容量和竞技水平。这将有利于不断打破舒适区，使用能量发挥最大的功能。只有这样，才能建立身体的、情感的、心理的和精神的“肌肉”。
- 引入已经编辑完善的能量程序，就可以清楚地进行能量管理了。

综合训练 5.1

请您考虑一下能量和成绩之间的关系。

您知道，通过这些以前进行的综合训练，您的能量使用率是如何得到提高的吗?

您如何看待您的活力得到提高呢?

能量的源泉——呼吸

请您一定意识到：从出生的那一刻，伴随着第一次呼吸，生命就开始了，而伴随着死亡，最后一次呼吸结束整个生命的过程。这两次呼吸之间就是生活：

- 如果不吃东西，我们可以活6个星期；
- 如果不喝水，我们可以活6天；
- 如果不呼吸，我们几乎不能活过6分钟！

那么，能量和生命可以说就等于是呼吸，这也就是说，吸收氧气。

受到惊吓的时候，大多数人的呼吸就会变得很糟糕。究其根源，还是孩子的时候就已经接受了（后天获得）浅呼吸，所以呼吸质量很差。这种呼吸习惯在年轻的时候几乎没有被纠正，到后来就根本不再纠正了。是因为不重要？是出于舒服？还是由于不知道呢？事实上是所有这三个因素共同起的作用。我们知道在动物界中，呼吸频率越短，那么生命期限也会越短。我们把人类的两种呼吸形式分为短促呼吸型和长呼吸型。短促呼吸型的人经常会出现疲劳或者疼痛的感觉，寿命明显较短。长呼吸型的人会享受每一次呼吸，很少紧张，原则上会长寿。尽管有这种明显的好处，但是这种类型的人还是很少见。

人类属于“哺乳动物”，让我们来看看哺乳动物是如何呼吸的。我们经常看到猫、狗以及奶牛在呼吸的时候，肚子不停地在动。接着，我们再看看人类的婴儿或者是小孩，他们也是只有肚子在动。这样的呼吸方式才是自然的，正确的。但是，在10～12岁的时候，就会转换成错误的胸式呼吸了。这种错误的胸式呼吸自然就会引起紧张不安的感觉。因此，所有受到阻碍的人的呼吸都是错误的。受到阻碍的人不能自由发挥，当然也就不能自由的呼吸。一旦呼吸纠正了，所有的阻碍也会随之消失。

对呼吸调整有所帮助的精神疗法

当然，呼气是最重要的。谁要是深深地呼出一口气，那他就必然要深吸一口气。所以，您需要注意的主要就是，要很好的呼气，那么接下来就是正确的吸气了。

但是，您也应该放松的呼吸。放松的呼吸就是和谐流畅地、随意地呼吸。呼吸应该是内心沉着冷静与和谐的表达。只有愿意充分休息的人，才有能力应付随时出现的紧张状况。

但是，呼吸应该不仅是放松的，还应该是一种有节奏的气流的流动，这样我们呼吸的节奏就能与宇宙的节奏协调起来。宇宙的呼吸让我们成为和谐的人。这样，我们才能平静地、泰然地度过我们的一生。

但是，仅有放松地、有节奏地呼吸还是不够的，我们还必须学会有意识地呼吸。只有当我们有意识地去呼吸，我们才能真正贴近宇宙的能量流。而且只有通过有意识的呼吸，我们才能有针对性地接收到各种能量，从而自由地控制这些能量。这种强调精神力量的呼吸会强化我们的想法和愿望。

只有当我们同时进行放松地、有节奏地、有意识地呼吸之后，我们才能真正地实现自由呼吸。如果想要获得个人的最好成绩，那么这种有意识的全面呼吸就是拥有一个充满活力的身体，这是最大限度地做好能量准备的前提条件。

许多人持续很长时间不让自己的身体获得急需的氧气，以至于总是生活在窒息的边缘。恐惧和抑郁大多就是由于错误的，短促的、充满恐惧的呼吸产生的缺氧状态导致的。一位内心恐惧或者抑郁的人的呼吸就不是深呼吸。

另外，大多情况下，我们应该用鼻子来进行呼吸。只有进行那些需要花费很大体力的活动，才能暂时用嘴巴进行呼吸。在进行完花费大量体力的活动结束之后，最迟 3 分钟后，我们就应该再次恢复到普通的用鼻子呼吸了。

现在改变生活习惯还不算迟。只要还活着，任何习惯都是可以改变的。这对于提高生活期望特别重要，因为，这并不只是为了能多活几年，更重要的是，活得更精彩。霍尔曼（Hollman）教授，一位著名的体育医生，多年前曾经对一些 70 岁的老人进行训练。这些老人已经几十年没有参加过体育运动了。10 个星期后，这些老人的氧气接收能力就已经和那些比他们小 20 岁的人一样了。因此，人们完全有能力让呼吸能力在短短 10 个星期内就年轻 20 岁。

喘气训练

您是否已经知道，为了保持身体健康，人们应该每天做一次彻底的喘气练习呢？这能让心脏保持健康，并且能够促进血液循环。这比偶尔出现的过度疲劳要好得多。这种每天进行的喘气训练也是更深、更有意识的呼吸的基础。

如何进行喘气训练

喘气训练是在跑步训练中有意识的、多次的，并通过休息中断了的“出现喘气的情况”：

跑步，直到第一次喘气情况出现（呼吸的空气减少）——中断跑步——直到呼吸平静下来（大约3分钟）；然后继续跑步，直到第二次喘气情况出现，重新恢复平静；再继续跑步，直到第三次喘气情况出现，平复呼吸。训练结束。

这种方法实际就是一种定期进行的氧气浴，它会淹没体内可能出现的不适的地方。定期使用这种方法还可以让所有的基层组织保持活力。

定期进行喘气训练的好处

- 电离氧气得到明显改善。这意味着，通过电子的载入，氧气变得更活跃了。这个过程也通过幻想中的有意识地电离继续得到提高。
- 基层组织提高了氧气接收准备能力，氧气变化快速进行。
- 身体的老化过程减慢，明显产生更多能量，增强生命力。
- 促进消化，便肠道功能得到改善。食欲根据身体的真正需要而定。
- 练习的同时，身体的温度提高了好几度，从而杀死细菌。
- 定期跑步可以防止骨钙的流失及骨质疏松。年龄超过 70 岁的人中，有一半的人都会遇到这类问题。
- 如果没有出现任何劳累感，那就可以进行理想的“胁腹呼吸”训练了。

综合训练 5.2

请您确定您每天想要以哪种方法进行“喘气训练”，并且让这种方法成为您的习惯。为此，您需要坚持至少 21 天的训练。60 天后，您就可以确定，您已经养成了一个新的习惯。

喝水可以进行能量更新

喝水或许是最容易被低估的身体能量更新的源泉了。口渴和饥饿完全不同，它可以说是一种不恰当的需求晴雨表，其实当我们感觉到口渴时，我们的身体早就已经处于脱氢（脱水）的状态了。

大多数人进食的液体实在是太少了。而且即便是在进食的时候，经常喝的也就是像可乐或者咖啡这类饮料。这类饮料有利尿的作用，而且容易使身体基层组织脱氢。这样，人们的这种饮食习惯就容易使身体含酸过量，体内还容易产生“垃圾沉淀”。两者都会阻碍体内液体的流动。

因此，大多数人的体内组织都存在慢性缺水和矿物质流失的症状。

越来越多的研究结果表明：人们在一天中至少要分散地喝两升水，才能够提高各方面的工作能力。因为，一块脱氢程度只有3%的肌肉就会损失10%的能量和8%的重量。此外，水分供应不足还会影响注意力集中和肢体的协调性。

喝足够的水也是健康和长寿的前提条件。在对20 000名参与者进行调查之后，澳大利亚的研究者证实，那些每天用容积为250毫升的杯子喝五杯水的人与那些每天用同样的杯子只喝两杯或者更少的水的人相比，死于心肌梗塞的概率要少一半。这可能是因为脱氢会提高像血液黏稠度（血液的流动性）这样的风险因素产生的概率。不管怎么说，大量喝水的好处就如同我们戒掉烟，或者明显降低了胆固醇水平时出现的好处一样多。相反，喝咖啡或者含咖啡因的汽水对心脏没有任何好处。像咖啡、茶和可乐这样的含有咖啡因的饮料虽然可以像甜食一样产生能量，但是，因为咖啡因有利尿的作用，所以从更长远的角度说，它会导致脱氢和疲劳的产生。

建议

如果您想在体内建立健康的水预算，那么，您所采用的方法就要和身体的再次矿化以及除去体内的酸性紧密地联系在一起了。正确的呼吸、喘气的训练、合理的喝水这三种方法同时使用，您就能感觉到体内会明显地产生大量的能量。

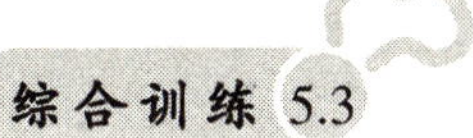

综合训练 5.3

请您注意每天至少喝两升（不具有利尿作用的）液体。在天气炎热或者您在进行体育运动出汗时，相应地您就要喝得更多一些。

通过补充食物的方法让您的身体再次矿化。

原则上您要除去体内的酸性，然后，您要注意让身体处于一定的碱性状态下。

补充足够能量的食物

对体育运动来说，最重要的能量就是储存在肌肉内的能量沉淀（三磷酸腺苷分子）。这些能量是身体直接就能够产生的。脂肪堆积中的能量对运动员来说不是有利的能量储备，而是一种负担。在我们目前这种富裕社会中，脂肪堆积作为长期的能量储备已经没有任何意义了。因为在目前的这个社会，人们不需要面对没有食物供应的问题。大多情况下，脂肪堆积的产生就是能量代谢、物质代谢不正常的标志。对肌肉有好处的、能够产生能量的食物虽然缺少脂肪，但是却含有充足的葡萄糖和蛋白质。蛋白质是肌肉构成的基本组成部分；糖是能量的承载者，它可以以最快的速度将能量送到肌肉中，并作为能量储备。

今天，大多数情况下，普通的、由工业生产出来的食物所含的价值并不高，缺少矿物质、维生素和微量元素中的任何一种都不仅会降低工作能力，还会影响到健康状况。因此，您应该制订一个详细的计划，按照营养补充法补充您每天需要的营养。当然，表 6 会对您有所帮助：

表6　您每天需要补充的营养

营养补充	我们的建议	标准建议（%）
维生素		
B_1（硫胺）	7.5 mg	500
B_2（核黄素）	8.5 mg	500
烟碱酸（烟酰胺）	100 mg	500
B_6（吡哆醇）	10 mg	500
叶酸	400 μg	100
B_{12}（氰钴胺素）	30 μg	500
生物素	300 μg	100
泛酸	50 mg	500
C（抗坏血酸）	500 mg	833
A（β－胡萝卜素）	10 000 I. E.（1/2 维生素 A，1/2β－胡萝卜素）	200
D（钙化固醇）	400I. E.	100
E（生育醇）	400I. E.	1.333
矿物质		
钙	1 000～1 500 mg	100
镁	400 mg	100
碘	150 μg	100
锌	15 mg	100
硒	200 mg	285

（续表）

营养补充	我们的建议	标准建议（%）
铜	2 mg	100
锰	2 mg	100
铬	125 μg	100
钼	83 μg	100
硼	1 mg	

此外，作为营养补充，您还要注意不能缺少 OPC 和 Q_{10}①。

① OPC 原花青素低聚物；Q_{10}，辅酶素。——译者注

容易消化食物的饮食方式

消化食物需要使用许多能量。特别是当您吃完一顿丰盛的大餐之后，您就会觉得身体变得困乏。接着，消化系统会使用身体储备中的很大一部分能量来消化食物。

如果您在饭后没有感觉到疲倦，反而是觉得比以前更加精力充沛，那么您的饮食才是最佳的，也是健康的。

健康饮食的基本原则

我们从与消化一致的饮食方式出发找出了一些不同的饮食规则：

- 体内通常要进行很多种循环，当然也包括“消化循环”：晚上，当我们睡觉的时候，（合理地讲）食物被分解并得到充分利用，每天早上也都会准备好所有白天需要的能量。在健康的消化过程中，我们每天早上都会排泄，此时消化循环已经结束了。一顿丰盛的早餐根本没有必要，因为在吃完丰盛的早餐后，身体还需要一些能量再次消化刚吃的食物。早上吃些容易消化的食物加上水果就足够了，而且这些也符合身体的消化循环的要求。从中午开始，身体才再次需要食物。这时应该吃上一顿丰盛的大餐。
- 12～18点之间多次进食比吃一顿或者两顿大餐要好得多。

• 18 点后，您就应该尽可能的不吃东西。因为这个时候再吃东西的话，身体就要再次利用食物提取能量了。

• 我们的消化系统与那些靠吃肉维持生命的动物的消化系统不同，比如说老虎，它们的消化过程相当短。我们人类虽然是“杂食动物”，但是少肉或素食的饮食习惯更适合我们的消化系统。

• 容易消化的食物也是容易分离的食物的规则：不应该将含有丰富的蛋白质和淀粉的食物一起吃，而应该分开食用。

• 原则上，吃东西的时候要细嚼慢咽，因为消化从食物进入嘴巴就已经开始了。通过彻底地咀嚼，您吃的东西会更少，消化的也会更好（较小的负担）。您获得的由食物产生的能量也会更好。

请您制订一个既含有充足能量又容易消化的饮食计划。

根据营养补充法，请您解释一下您的基本需求。

让您吃掉的食物成为能够产生能量的源泉吧！

最佳的能量准备

我们要做更好的能量准备，要能够在一个特定的比赛时间唤起所有的能量争取获得最好成绩，其方法总结如表7。

表7 特定比赛时间的最佳能量准备

积极的能量	消极的能量
高兴、乐趣、挑战、乐观主义、实证主义、朝着目标努力、娱乐、自我挑战、团队精神、自我激发	害怕、愤怒、恐惧、悲观主义、消极主义、挫败、怀疑、威胁、压力、利己主义、外来激发
内心沉着冷静的状态	内心激动和毛躁的状态
注意力集中	注意力不集中
放松的肌肉	紧张的肌肉
高级竞技水平	低级竞技水平

积极能量的产生和控制

准确地说，谁要是想在体育运动中获得好成绩，那么，首先必须从他本人的有积极作用的能量源中创造出能量。因此，一定的精神方面的观点（肯定）是非常重要的：

（1）产生能量的观点

- 我会一直创造最好的成绩。
- 我为我的表现感到自豪，因为我的潜力得到了充分发挥。
- 我感谢我的才能，我为我的才能得到了充分的发挥而感到高兴。
- 我的能力得到了证明，并能通过其他人来进行测量，我感到很高兴。
- 从比赛中获得快乐和满足是很重要的。比赛就是一种游戏，它应该使人们得到快乐。为了使人们从我的体育成绩中得到快乐，我会尽我所能。
- 与防御相比，我的观点更倾向于进攻；与抵抗相比，更倾向于勇敢接受挑战；与撤退相比，更倾向于勇往直前。
- 我会一直保持积极、热情的态度——不管发生什么事情。即使我的对手赢了，我也会承认并赞许他的成绩。

- 同往常一样，我时刻准备做出最大的努力。不勤奋就不会有收获，所以为了有所收获（奖杯），我必须付出努力（训练）。
- 对我来说，即使没有站在领奖台上，我也是成功的、胜利的。

(2) 控制能量的观点

- 有规律的、接近极限的训练可以带来乐趣：感觉身体，释放能量。
- 自己承担训练的压力，控制这种压力。在关键时刻，要排除压力，轻松应战。
- 获胜也有自己的规律。我将全身心地投入到比赛中，并付出最大努力。我就是比赛的一部分，我要享受比赛。比赛中，我可以展示我的各种能力，并学习改善这些能力的方法。
- 如果我心情好的话，我就可以放松自己，并且沉着冷静地比赛。
- 疼痛就是释放一切，让一切发生的起点。到达疼痛的彼岸，我的身体就会跨过一个鸿沟获得更大的能量。每一个纪录都是一次精神上的巅峰。
- 我为自己承担所有责任，我从不让任何人为我可能出现的能力上的弱点负责。
- 我把承担结果的责任放到更有能力的人手上。谁有获胜的机会，那么谁就有权利获胜。
- 我将全部注意力集中到付出最大努力能够实现的目标上——每时每刻。
- 错误只是一种反映的表现，也是能够获得成功并做得更好的必要组成部分。

产生大量的能量

完善自己的三个步骤

- 确立一个值得追求并且可以实现的目标：确定应该达到的状态。
- 根据目前所处的真实状态做出实际的自我评价：看到没有掺杂任何假成分的真相。
- 掌握从目前状况到应该实现的状况的方法：制订一个完全属于个人的发展计划。

对此，主要是产生能量的过程在起作用。人们常说，人类是习惯的奴隶。事实也是如此，人们的行为中下意识行为所占的比例大约是95%。出现这些行为的时候，人们是没必要思考的，也就是那些行为已经成为“根深蒂固的行为”。

没有一条路可以朝这个过程延伸，从而让这些有意义的措施真正长期有效。同时，这还与逐步地建立这个过程有关系。一个过程最早应该在21天之后才会有影响，这样它才能成为习惯，并成为下意识的行为。有时候甚至需要30～60天。

伊万·伦德尔（Ivan Lendl）就是因为过程的力量而在网球界出名的。他并不是一位特别有才华的运动员，但是在创造能量的过程中，他却非常坚定地朝着目标努力。这不仅对他的训练时间有利，而且对比赛也有利。

伦德尔这种特殊的成绩来源于习惯，他每天都会在比赛场上训练很长时间。当然，运动员在很多时刻进行训练并不足为奇，但同其他世界级运动员的区别就是他在生活中的各个方面都遵循着同样的习惯。他制订了一项离开赛场后的健康规则，即进行短跑与中距离赛跑、长途自行车旅行和器械训练。为了训练身体的平衡和动作的优美，他定期在芭蕾舞杆旁进行练习。他定时进餐，他的食物不但含脂肪少，而且含有丰富的综合性碳水化合物。

另外，每天伦德尔还对注意力进行一系列的训练——为了能够确定通过这些训练，他还会定期补充新的训练方法。到了比赛时间，他就向他的朋友和亲戚明确表明，不能产生矛盾或者把他的注意力从他的使命上转移，因为这样会使他增加负担。他总是尽职尽责地做每一件事情，虽然有时候他看上去很轻松，但是这种轻松也有一定的战略意义。就连他的放松、修养时间，他也做了详细的计划，包括打高尔夫、每天的午睡和定期去按摩。比赛期间，他会使用附加的一些练习，为了保持注意力集中，赛前他会在心里想象整个来往球的过程，或者当每一次他要击出边线球的时候，他都要遵循这个由几部分组成的过程。

比赛期间要遵循的程序

每一次，当伊万·伦德尔在比赛中击出边界球的时候，人们都可以看到他会用帽子上的防汗皮圈擦拭一下额头，用球拍的前沿打一下自己的脚后跟，然后从包里取出锯末，把球在地上打四下，并在心中试演他应该把球打到什么地方去。同时，伦德尔还要调整他的能量：他排除所有杂念，放松身体，集中注意力，唤醒内心新的责任并为获得最好的成绩做身体上的准备。在一定程度上，他会在内心编辑一套电脑程序。一旦来往球开始了，那么这个程序就会自动运行。

每一个优秀的运动员都了解这个程序。有些是一目了然、显而易见的，还有一些就不是那么容易看出来了。比如说，当棒球运动员击球和投球的时候，网球运动员发球和回击的时候，篮球运动员发球的时候，都是能够很容易就可以看出来的。同样跳板跳水运动员、高尔夫运动员也会出现这种情况。虽然这些程序一样的行为与运动的技术没有任何关系，但是它们被证实这是做好获得最佳成绩准备的强有力的起因（支持）。它们为保持注意力集中，参与自动控制，增加取得成绩的可能，保持放松的状态提供了重要帮助。

可惜，一旦比赛朝着不好的方向发展，或者当我们感觉到压力的时候，就会经常回避这种完全属于个人的程序。然后，我们就会突然变得毛躁起来。虽然我们还没有意识到这些，但是，我们可以让球不那么频繁地掉落，可以稍微做几次深呼吸，想象一下其他的一些画面，这其实只需要我们可用时间的一半。处于艰难或者不利的状况时，我们必须在没有风险的情况下，花费足够的时间为下一步行动做准备，我们将同往常一样，运行在比赛前占有固定位置的程序。

接着，向自己提出下面的问题。

心灵启示

- 通过产生能量的方式，我应该养成哪些能够产生能量的习惯？
- 我有从目前状态到应该达到的状态之间的桥梁的程序吗？
- 我有能够恢复身体的、情感的、心理的和精神的能量活力的程序吗？
- 我有同时帮助我感觉更轻松、更自信，并且赋予我能量，能够在比赛时使我自动做出最佳准备的程序吗？
- 为了能够借助仪式的帮助触发我获得个人理想的成绩的状态，我在比赛前练习过这些程序吗？
- 如果事情的发展都是对我不利的，那么我会避开这种程序式的行为吗？如果出现这种情况的话，我会记起我自己的程序吗？
- 我研究过那些令我佩服的与我的体育项目相同的优秀运动员的程序吗？（他们经常被看成是最好的榜样。）

综合训练 5.5

您现在怎么评价您的能量代谢呢？

建议

请您测试一下，您的能量代谢提高了多少。然后，每间隔一定的时间，如果您再重复做这项测试，您就能检测出您的能量代谢一次比一次有所提高。

表7　能量代谢测试

数　据	低							高
有意识地突破极限								
每天进行喘气训练								
每天喝两升水								
重复矿化								
除酸								
健康的食品								
促进消化的饮食								
仔细咀嚼								
营养补充								
积极的情感								
能够产生能量的观点								
能够控制能量的观点								
能量程序								
比赛程序								

第六步：可视化能力训练

目标就在眼前

将能量转向目标

没有任何事情比没有能力将能量和注意力转向同一个目标，或者同一份工作更能影响成绩了。能量可能毫无反应且不起任何作用，或者不能对准目标发挥最大限度的作用。但把注意力集中到下一个目标就是我们第六步要完成的任务了。

您已经学过解除能量堵塞，改善您的能量的作用力和利用新的能量源。现在的问题就是使用能量，从而获得最佳成绩。

白炽灯泡里的能量波之间是没有任何联系的，也就是说，是相互交叉在一起的，许多波相互磨灭。但是，如果人们把一个60瓦的白炽灯泡做成像激光灯一样，个个能量波之间有联系，那么所有的波就会相互增强，这样一来，就能产生足够的能量，就像一盏激光灯可以照亮1．5亿千米长的“洞穴”一样。

因此，通过对焦（同凸透镜一样）将能量集中到一个目标上是可以实现的。

同样，体育运动又是一种理想的方式，因为人们为自己确立的目标都是相当明确的。他们需要切合实际的乐观主义才能够确定。

● 我目前的最好成绩是什么？我想在下一次取得什么样的成绩？我想

在什么时候实现这个目标?

- 我已经准备好取得哪些成果?
- 对于训练，我制订了什么目标? 我准备好进行多长时间、多大强度的训练?
- 我是要努力争取获得一枚体育奖牌、一个奖杯、一些奖励吗? 我打算什么时候实现这些愿望呢?
- 我要参加比赛吗?
- 对于我来说，“一切重在参与”就足够了吗? 比如说，跑马拉松真的到终点了吗?
- 我想让我的体育事业成为我的专业吗? 我想从一位成功的业余运动员成为一名专业运动员吗?
- 我要给自己找一位训练员、一位教练吗?
- 我要努力成为市冠军、地区冠军、国家冠军吗?

下一个目标非常容易制订。但问题是：是不是您所有同事，所有的组织，所有的器官，身体，心灵和精神都在为实现这个目标而“共同努力”呢? 所有的一切都在追求同一个目标吗? 或者只有脑子里在想这个目标，而身体却在（下意识）破坏这个目标，精神同样也是另外一种做法呢? 会出现比无条理的白炽灯泡的微光还要更弱的光吗? 那么，我们如何才能实现这种和谐统一呢?

达到“激光能量”目标的七步骤

您确立的目标的质量可以像激光一样将所有能量捆在一起。当然，主要的问题就是这个目标是从脑子里出来的（思考出来的），还是从心里出来的（符合您真正的本质）。您可以通过七个步骤进行目标测试，使其最终达到您的本质要求，这样您就可以找到真正的目标：

目标测试七步骤

（1）明确目标

阐明希望的最终状态，形象地想象这种状态（幻想）。检查一下，这个目标是否是从心里出来的，是否是一个真正的心愿（通常生活对脑子里的目标是不会非常友好地对待的）。您想想，当这个目标实现的时候，您的心里是不是充满了喜悦和感激之情呢？您的内心是不是有种非常幸福的感觉呢？

（2）实现和谐

现在，正是将图片、语言和感觉联系在一起，从而对准目标，保持这种状态的时候了。选择一种能够唤起您赞同的方式来表达您的目标：“这样就对了，这样没错。”您要将这些话语（对目标表示赞同），喜悦的感觉同画面联系起来。您的内心出现一幅图画了吗？您想描绘这幅图画吗？您要为自己做一个拼图吗?

(3) 进入创造者意识状态

或许现在您还有印象，实现目标与许多因素、许多状况，甚至其他人都有关系。那么，这一步就是说：您想要什么？您可以想象一下，它会向着您可以想象到的更加理想的方式发展。您或许会成为唯一的决策者、创造者。对您来说，什么是理想的、最佳的呢？在这一步停留更长一些时间，直到您意识到：目标的实现与任何人、任何事都没有关系，只与您有关系。所以，现在就让它发生吧！

(4) 感觉有价值

您也相信实现目标是有价值的。创造者意识的神秘破坏者就是这种想法，即："也许看上去是那样的，但是我觉得这不值得。"或者："我不是称职的胜利者，其他人比我挣得多。"您可能不仅意识到目标的实现和其他人没有关系，只和您自己有关系，而且您还会感觉这是值得您做的，您已经有能力实现目标（获得荣誉和尊敬）了。

(5) 鉴别目标

您现在就可以通过鉴别这个目标——这个您期望达到的最终状态来确立这个目标了。您要将自己和这个目标紧密地联系起来。这一步可能是您还不熟悉的：通过鉴别来确立一个目标？这会是什么意思呢？这个目标已经不远了。您已经可以感觉、看到、推想这个目标了。您和您的目标是息息相关的，是一致的关系。您已经预见到了您的未来，您的内心也更加确定了：合适！这很适合我。在这一步，您要花费许多时间和想象力。您直接通过想象就可以尝试不同的"未来"（就像穿不同的衣服一样）。您可以一直试下去，直到认为：合适！这就是我的未来。这属于我！这一步的成功的标志就是，您现在能够从目标出发去想象、感受、谈论和行动了。您能清楚地想象出来，您是如何找到实现目标的方向的？您排除了哪些障碍？您通过哪种特殊训练走到了有决定作用的下一步？

（6）创造并保存实现愿望的能量

目标的状态就是一种能量充沛的状态。属于这种状态的感觉有喜悦、幸福、和谐、感激。如果您掌握了这些能量，那么您就能像磁铁一样把您的目标吸引到您的生命中。这里有一项共鸣法则：物以类聚。只有当您能用所有的语言、图画和感觉维持这些“实现愿望的能量”的时候，您才可以确定这个目标以及实现这个目标。如果这些能量减少了，那么这个目标也会随之消失在远方。但是，这也没那么严重。您可以再次建立那些能够实现目标的能量。

（7）放手

就像农民必须投放种子才能有收获一样，您也必须要放开目标——在“有把握实现”的情况下。这一步非常重要，所以，我们要把这一步用在自己的训练阶段上，下一个、再下一个阶段也要用。

您要以真正能激发您积极性的目标和合乎实际的乐观主义来贯穿这一步。建立真正可以感觉到的“可以实现愿望的能量”。如果这个目标实现的话，那么，您需要有什么样的一种能量呢？

眼前的目标：有创造性的想象力

人们应该“有一个眼前目标”，这就是说，我们必须已经能够看到、可视化这个目标。如果您的内心看不到这个目标，那么，您就只能乱无目的的乱走了。

我们下意识的最有效用的语言就是用图片、标志去形象地想象、幻想。如果我们不能再次想象某些东西，那么，我们应该如何做才能实现它们呢？或者换句话说：为了能够获得某些东西，我们至少必须能想象到它们，能够看见它们，使它们可视化，那么它们就在眼前出现了。

千万句话也不能比一个图片表达的更多，一幅图画有力量表达有形的事物，“表明”新的事实。

Example 实例

您的体内充满了能量（并能够长期控制这些能量）：我将成为国家冠军。停，这里我们必须做一个重要的更正！这个能量不能叫做“我将成为国家冠军”，而应该是作为“已经实现的目标”：“我是国家冠军”。这样才具备能够实现愿望的能量。这样才能拥有足够的能量。这一定可以实现。但是，如果您现在眼前还没有看到能让您成为冠军的决定性的比赛，那么，这种能量就已经形成了一幅图画，而这幅图画也一定能够成为事实。

比如说，您知道了全国冠军赛将要举办的时间，您知道这个体育场并且您已经在这里完成了一些比赛。现在，想象一下您参加了跳远比赛，并且跳得很远，由于这引起轰动的一跳，您欢呼跳跃，耳边传来公众的掌声，您看到自己站在领奖台的最上面，脖子上挂着奖牌，正感受着祝贺的握手，您听到国歌响起来。如果您已经能够看到这些，那么，谁还能阻挡您呢？

请您现在将“能够实现愿望的能量”转变成一种尽可能形象的具体的图画。请您确定这两个不同的步骤是真实的：作为力量和潜力的能量形成了一幅图画。然后这幅图画就形成了您真正遇到的事情。

如果您已经能够看到这些画面，谁还能阻挡您呢？

您有不同的意见吗？请您测试这些画面！什么地方还有些不协调的东西吗？您如何能再次产生协调呢？

可视化最佳成绩并借助肯定加以确认

这里，我们为体育运动中的单人项目编排了一个可视化练习和肯定练习作为样板。这项练习完全是有意识地按照在 CD 上可以找到的节目《体育运动员的精神训练》（上面有各种不同的课题，比如高尔夫或者网球，足球或者高山滑雪）制作的。

如果您愿意，那么，请您将这篇文章录到磁带上或者制成一张听力光盘，但是这要以您为目的的个人形式，这样才能真正成为您的文章。当您想要休息的时候，您就可以听听这篇由您录制的文章了。（或许，也可以让您的同伴先给您读一下这篇文章，然后，您就能感受到，您还能从不同的角度来完善这篇文章。）

精神训练样板

我回到家，打开房门，把包扔到角落里，一屁股坐进沙发。今天的工作实在是太累了，我感觉自己已经筋疲力尽了。我深吸几口气，想让自己平静下来，再休息一下。

我走进卧室，换好衣服。我能够感觉到贴在皮肤上的运动服。它是那么轻，一点也不会限制我的运动欲望。我的心情慢慢地活跃起来，我开始期待去进行体育运动。

我知道我是如何跑到那个停车场的，那个我在很多年前就已经熟悉了的停车场。

我走下车，看到那个我定期进行体育活动的训练场。我看到很多老熟人，听到他们的声音。他们和我打招呼，当然我也友好地和他们打招呼。在这个地方遇到这么多志趣相投的人，我感觉非常舒服。

我要朝着我的目标努力。首先我做些热身准备活动，集中注意力。然后，我已经进入完全放松，充满自信的状态。最后我已经能够控制我的身体和精神了。我知道，我已经做出了正确的选择。对我来说，体育运动是放松自己、培养自己各种能力的最理想的活动。

我清晰地感觉到，汗珠是如何在我的皮肤上形成的——我喜欢这种感觉。我的运动都是有规律的，而且是充满了力量的。我喜欢训练，并且享受汗珠在皮肤上流下来的那种感觉。我完全放松，并感觉我的身体。我知道，我今天还是可以再次尽全力进行训练的。现在，我的肌肉是热的而且是富有活力的。我开始进行真正的训练了。

我训练我的肌肉，而且它们也愿意配合我的动作。我进行的运动都是一些强度训练，而且都是锻炼协调性的。我经常完全投入到训练中，从而忘记了日常生活。我的每次训练之间都有一定的时间间隔，这样就可以让我的身体，我的各部分身体组织总是有机会休息一会儿。这样做有利于身体健康，而且也可以使身体总是有时间更好地做准备，争取取得更好的成绩。我愿意尽全力。克服那种——我应该停止的内心的卑怯的想法——我的精神承受力很强大。我一定可以实现我的体育目标。

我的呼吸均匀而平静。我可以感觉到，它是如何为我的肌肉和器官提供必需的氧气的。我可以控制我的身体给我所有我向它索求的一切。

我爱我的身体和我自己，我很高兴我有取得好成绩的能力。我感觉到内心那种极其平静、平和的感觉。现在，当我进行健康训练的时候，我也感觉很舒服，而且我已经从日常琐事中完全解放出来了。

再一次，我努力获得最好成绩，只要我能，我就要维持这种状态。我付出全部努力，我知道，今天我又一次创造了我的最好成绩。

我的身体和我的内心都充满了一种非常幸福的感觉。这种获得一些有点不同寻常的成绩的感觉，对我来说，就是训练过程中获得的一种回报。我停下来休息5分钟，在我换衣服之前，让我的身体有机会休息一会儿。我对我自己和我的训练都非常满意。我的身心都得到了放松和休息，内心充满了和谐与平静。我已经开始期待下一次的训练了。

那么现在，我的内心已经充满了自信并开始思考对我的各种肯定：

- 我是一位积极的运动员，我有一副适合竞技运动的好身板。我很高兴可以保持身体健康。
- 进行体育运动之后，我感觉很放松，而且对生活充满了希望。

- 我喜欢训练，同时我总是付出我的全部精力。
- 我相信我自己，相信我的身体和我的各种能力。
- 我的身体可以听见，能够感受到它的信号并有目的地投入训练。
- 我友善地对待我的身体，那么我的身体也会友善地对待我。
- 我的能力很棒而且也有很坚强的毅力。
- 锻炼身体并保持身体的健康会给我带来很多乐趣。
- 我总是实现我给自己设定的体育目标。
- 我身体健康，而且我的身体也经过了严格训练。
- 如果其他人对我的体育表现感到满意，那么我就会非常享受这种表现，而且这也会调动我的积极性。
- 体育运动让我的身心都能够保持年轻和健康。
- 我会定期进行体育运动并取得优异的成绩。
- 我已经意识到，只有定期地取得成功才能鼓励我。
- 不管什么样的天气，我都要坚持训练。我要适应发生变化的任何情况。
- 体育运动是我生命的一部分。
- 对我来说，体育运动和健康都是生活质量的组成部分。
- 我爱我自己、我的身体以及为了能够付出全部精力取得成绩而进行的准备工作。

我带着愉悦的心情和勇气从想象的体育运动画面中走出来，我已经意识到我的身体已经有了全新的感觉。我发现我再次回到现实中并感受我的呼吸，感受我的身体。如果我现在睁开眼睛，那么，我一定已经恢复了精神而且变得非常有积极性。于是我慢慢地睁开了眼睛。

一场好比赛的可视化过程

请您尽可能清晰明白地回忆您获得一个非常好的成绩的那一刻。如果您能够回忆起您的一个历史性时刻，那么您就会得到这个可视化过程。您的这个可视化过程应该在三个领域得到表现：在视觉的、听觉的和运动觉的记忆中留下印象。

视觉的记忆中的印象：

请您在心里好好想想，当您在比赛很顺利的时候，您是如何表现的。您的表现肯定和您在比赛不顺利的时候完全不同。您的表现不同，您的身体状态也会不同。如果一位运动员的内心充满了自信，那么他也会表现出来很自信。重新观看一遍您过去取得好成绩的录像也会有助于给可视化过程提供一个具体的形式。

听觉的记忆中的印象：

请您从内心中去注意，当您的比赛非常顺利的时候，您能听到的各种各样的声音，特别是您和您自己精神上的对话。大多数情况下，还会出现一种能够为您带来最好成绩的内心的平静。您听到它们了吗？这些内心的对话是如何进行的？您对自己说了些什么，您是如何说这些的？在比赛过程中，当您被迫要面对不顺的时候，您的内心有什么样的反应呢？请您再次创造这所有的声音，而且还要尽可能的生动、清晰。

运动觉的记忆中的印象：

请您尽可能清晰地在心里唤醒当您的比赛非常顺利的时候，您能够感觉到的身体上所有的感觉。您的手和脚都有什么样的感觉？您感觉自己清醒、松弛、幸福或者紧张吗？您经常会以独特的方式去感觉您的滑冰鞋、棒球棍、拳击手套或者击剑手套吗——当您的比赛非常顺利的时候。如果您是在打棒球，作为投球手的话，手摸球感觉是怎样的？对您来说，作为游泳健将，身体接触到水的感觉是怎样的？或者如果您是滑雪运动员，踩在雪上的感觉是怎样的？请您把所有的注意力都集中到身体的每一个感觉上。这种感觉会让您的比赛更加顺利。

第七步：您放松了吗

顺其自然

有的放矢：要学会松手

现在，我们就来到了精神训练过程中具有决定作用的一步：松手。

直到这一步，您都能正确地做好一切事情，但是，如果您没有及时地松手，那么，您还是不能实现目标。

精神训练的艺术和秘密就是能够正确地区分，什么时候人们必须思考，什么时候人们必须松手，因为：

- 您不能强求结果的产生
- 结果会自动产生

如果您完成了包括第六个阶段的所有的综合训练，那么，第七个训练阶段的话题就是：

我已经做了所有我能力能够达到的事情，现在就轮到生活来决定它能够决定的事情了。

但是，放手也是需要您来学习的！下面的画面对您一定很有帮助：

如果您想对目标有的放矢，那么，您就必须用尽全力拉满弓，从而产生能量。您要看准目标，然后——您就松手吧！如果您不松开箭，不能释放能量，那么，这支箭就不能射到目标了。还有更严重的呢！您想想，您把弓拉得满满的，两个小时（或者更长时间）站在那儿静止不动，您的力量随时都有可能减弱，弓箭的饱满度就会减小。您很可能会因为筋疲力尽而让没有射出的箭掉落在您的脚下。这也是一种松手，但是这一定不是您想要的。

最后总是要松手的。要么在您已经产生最大能量的时候，您就及时放手（这样就能达到目标），要么就是因为您（还没有实现目标）已经筋疲力尽了，您才放的手。我们也可以说："能手不是从天上掉下来的。"也不可能有个没有参加过比赛，也没有经验的人经过很长时间地训练，刚刚第一次参加比赛就能得个世界冠军。不过，如果我们经常参加比赛，就能用别人来检测我们的能力并从结果中学习到如何让自己变得更强。然后，我们就能够获得参加具有决定性作用的比赛资格，也许还会有机会获得世界冠军。

我们继续用箭和弓来举例子：

如果我把箭松开的话，那么，我不能确定，我是不是能射中靶心。但是，如果不松手的话，我肯定是不能射中靶心的。当然，第一次松手就能射中靶心的可能性也不大。而学习就是从"距离目标还很远或者几乎错过了"这一阶段开始的，再次瞄准靶心，最后松手。接下来就是坚持不懈地进行训练，直到不是只有一次射中靶心，而是次次都能射中靶心。

每一次“比赛”都是一次松手。现在，这个训练结束了；现在，我想知道它会产生什么样的结果；现在，我要释放我的能量；现在，我们来看一看，结果是什么，然后制订一个新的训练计划。为了实现我的目标，看看还有什么应该得到改善。

那么，“松手”就是：停止训练，参加比赛，获得当前个人最好的成绩。

比赛时什么都不要想

松手还有第二种意义。如果不是正好在进行象棋比赛，而思考就是比赛的意义的话，那么，出色的比赛就恰恰不在于思考，那就不要思考了。

那么，到底是关于什么的呢，著名的美国网球教练蒂莫西·葛维（Timothy Gallwey）就曾在他的《网球：一场内心的比赛》（Tennis：Das innere Spiel）一书中进行了描述。

只有当身体，心灵和精神协调一致的时候，才能获得最好的成绩。

因此，理智，也就是思考必须恢复正常。在这一阶段，精神训练会直接转到直觉训练。

（1）进行内心的比赛

每一位优秀的运动员要认识到的问题，总的来说就是："当我尝试去接受意识的控制，而不是让事情顺其自然发生的时候，我就已经输了。"

让我们听听蒂莫西·葛维的发言吧：

这种"内心的"比赛发生在运动员的精神世界中。这就是一场同那些比如像注意力不集中、紧张、自我怀疑和自我批评一样的心理障碍的战斗。简单地说：就是一场为了克服阻挡人们取得出色成绩的精神方面的习惯而进行的比赛。

您可以问一问那些成功的奥林匹克运动员，他们在进行体育运动的时候，心里都在想些什么。他们的回答可能会是这样："什么也没有想，我就是集中注意力在做这件事情。"

因此，现在我们就要谈谈内心比赛的问题。您面对的最强大的对手就是怀疑。我想尝试驱除您内心中的怀疑，增强您对自己身体的自信，批评并不有利于对此的认识。应该站在某个位置的击球手很可能击不到球，很多情况下，倒是站在某个地方的击球手击到了。有些人让他们的生活总是维持在"应该"上。他们总是知道，他们原本应该做什么，但是，他们却从来都不那样做。如果您的击球手正好站在他应该站的位置上，但是您却不知道他站在什么地方，那么，您就会把球从他身边打过去。另一方面，如果您知道您的击球手在什么位置，或许您该牢牢记住，这可能是一个让他移到能够拿到球的位置的非常好的机会。（蒂莫西·葛维：《网球：一场内心的比赛》）

这个内心比赛的成功方法也被葛维运用到滑雪运动上了，同时他还与鲍勃·克里格尔（Bob Kriegel）一起出版了《通过内心训练更好地滑雪》（Besser Skifahren durch Inner-Training）。

这种"内心训练"（或者也称为直觉训练）就是排除那种想要控制比赛的理智，凭直觉进行比赛。

在凭直觉进行的比赛中，您就像生活在一个完全不受理智控制的世界中一样。在那里，您已经可以预先感觉到您的对手将会有什么样的表现，或者您也可以提前感觉到您的队友（在团队运动项目中）是如何表现的。

一场真正出色的比赛是由现实来决定的。第七步训练将帮助您排除意识的控制，使您获得高超的技艺。

请您不要规定比赛和生活必须如何运作，那些“正确的，公正的”比赛和生活会发生什么结果。事实会比您知道的更多。请您相信，生活总是会送给所有人最好的礼物。有时候，您没有达到目标也是生活送给您的最大的生活礼物，或许是生活把您送入了不幸之中。

人们完全能够相信生活的和谐。

流　　动

当我们获得了准确的聚焦点和集中的注意力的时候，当我们注意到我们在做什么的时候，意识和行为就是统一的。这种理想的能力状态主要就是依靠这种结合。“流动”这个概念经常被用来描述这种状态。

米哈里·契克森米哈赖（Mihaly Csikszentmihalyi）就曾经描述过，他是如何为这种“流动”命名的。按照他的观点，当我们全身心投入一件事情的时候，当我们按部就班做这件事情的时候，其间不掺杂有意识的干涉的时候，这种流动才有可能发生。这就是当我们感觉已经完全控制了我们的行为的时候，从这一刻到下一刻的整个流动过程。

由于他提出的理想的、出色的能力状态以及我们在内心努力实现的聚焦点的方式的重要性，根据他的描述，我们对这种流动进行了综合性的总结。

什么是流动

● 这种流动包括那种使我们做的所有事情正确地、轻松地，并且自动地发生的特殊状态。

● 这种流动经常伴随着一些特殊的方式方法并作为一种娱乐的措施而发生。

●这种流动是把注意力集中到一点上而产生的，同时人们放弃了对过去和将来的各种想法并保持目前所有事情的当前状态。

●这种流动是行为和意识特殊结合的结果。

●如果行为和反应都训练得非常好，都能达到自动产生的程度的话，那么，这种流动就会发生在一些有助于训练的著名的练习期间。但是，如果某种情况要求的反应超出了一个人的能力和才智之外，那么，这种流动发生的可能性就很小了。

●当这种流动发生的时候，运动看上去简直就是由于自身的原因产生的，这就像是自身就带有发动机或者其他的原因引起的。

●如果一个人知道到他此刻在做什么，但是，自己却没有意识到这种状态的话，这种流动就会发生。一旦他开始思考他的意识状态，那么，这种流动同时就会消失。

●不管什么时候，一旦我们被外界的事物吸引，并且开始扮演观察者的角色，那么，这种流动就会终止。还有比如说像这样的表达："我不能相信我能做这件事"或者："这真的是我做的吗?"再或者："我真的是在让事情顺其自然的发生。"

一般情况下，人们通过将注意力重新集中到出发点上，就可以非常迅速地使这种流动的状态再次产生。

●这种"流动"是一种幸福感觉的状态。达到这种状态就是对已经取得的成绩的报酬。

契克森米哈赖创造流动这个概念，主要是为了描述内心和谐的最佳状态。在这种状态下，所有的思想、内心的紧张、情感和知觉都只指向个人。他认为，流动就是一种状态。在这种状态下，人们将全部精力集中到他们的行为上，这样一来，这种行为就像是自发地产生的一样，这种行动就显得比得到的结果要重要一些。但是，这些都要以能够将注意力集中到承担的工作上，同时摆脱所有来自于外界的经常中断流动现象的纠缠为前提条件。契克森米哈赖写道："在有威胁的形势下，动员所有心理力量，并将这些力量集中起来，用它们来抵挡这种威胁也是很自然的事情。但是，大多情况下，这种本能的反应会对协作产生不良影响，加剧内心的振动并限制行动空间。"

流动就是一种人们不能训练出来的状态（因此，在这个步骤中也没有任何综合训练）。人们只有通过放手才能让它发生。

熟能生巧。但是，只要人们还没有进行紧张的训练，那么就不能成为能手，也就不会出现"流动"的现象了。现在，问题不再是追求目标，而是要让最好的，出色的结果自然产生。这样一个能手就能不费吹灰之力就获得最好成绩。最终能够达到喜欢比赛的目的的这个圆周就会再次被连接起来。最高目标不是强迫得来的，而是通过放手取得的。那么，当您不再同生活作斗争，而是顺其自然的时候，不再承受生活的激流的时候，就会达到最高目标。

第三部分

延伸了的训练支持

吉姆·洛尔博士的能力测试
每日考勤卡
综合训练概况
用于复制和复习的样品
短时间进行的精神训练
精神测试仪：您的精神力量有多强
每一个成功的人都需要他：个人的成功教练
辅助工具
从喜欢业余活动到工作

吉姆·洛尔博士的能力测试

为了帮助您获得关于精神方面的强项和弱项同谈论过的七种因素联系起来的清楚的介绍，请您从表8中每一行给出的五种可能回答中选出一个。您可以在“几乎一直”、“经常”、“有时候”、“很少”和“几乎从不”这些回答之间进行选择。请您根据同您对于体育方面的行为解释最一致的尺度来选择一个答案。您的回答要完全符合您的个人评价。

请您尽可能坦率和真诚地回答每一个问题。目前这个问题，与您的关系到底是什么样子的。

表8　能力测试

	问题	几乎从不	很少	有时候	经常	几乎一直
1	比赛过程中，比起胜利者，我更愿意把自己看成是失败者					
2	比赛过程中，我会变得暴怒，受挫					
3	比赛过程中，我会走神，注意力不集中					
4	比赛前，我会想象我是如何出色的					

（续表）

	问题	几乎从不	很少	有时候	经常	几乎一直
5	我尽可能地鼓励自己付出全部精力					
6	比赛过程中，我能够产生强大的积极的情感					
7	比赛过程中，我往积极方面想					
8	作为参赛运动员，我相信自己					
9	比赛过程中，我会变得紧张，害怕					
10	我感觉在比赛的关键时刻，我的思想会以180km/h的速度飞驰					
11	我进行训练心理能力的精神训练					
12	作为比赛运动员，我为自己制订的目标鼓励我进行有纪律的训练					
13	即使我遇到了棘手的问题，我也会因为参加了比赛而感到高兴					
14	比赛过程中，我同自己的对话都是消极的					
15	我会很快失去自信					

（续表）

22	问题	几乎从不	很少	有时候	经常	几乎一直
16	错误使我的情绪变得消沉，同时也会让我陷入思考					
17	我能够很快理清有破坏力的情感，同时将注意力集中到我正在做的事情上					
18	我很容易就能形象地想起我的项目					
19	我不需要鼓励就能有意识地比赛或者训练。我自己就是最好的运动员					
20	比赛过程中，如果事情出现不利的情况，我很容易就失去兴趣					
21	比赛过程中，我会付出100%的努力——不管发生什么事情					
22	我有能力让我的成绩达到才智和能力的更高一层					
23	比赛过程中，我的肌肉会变得过分紧张					
24	比赛过程中，我很容易变得头昏眼花					
25	比赛前，我会想象，如何能应对不利的状况					

（续表）

	问题	几乎从不	很少	有时候	经常	几乎一直
26	我已经准备好付出全部精力，充分挖掘我全部潜力					
27	我借助积极的能量进行训练					
28	通过控制意识，我能够将消极的情绪转变成积极的情绪					
29	我是一个强大的精神的参赛运动员					
30	像风、狡猾的对手、差劲的裁判员这一类的事件都不能让我慌乱					
31	比赛过程中，我会思考过去的错误和错过的机会					
32	比赛过程中，我会利用那些能够帮助我变得更好的图画					
33	我很无聊，感觉就像是体力不支了一样					
34	出现危机的时候，我感觉受到了挑战和激励					
35	我的教练说我的态度端正					
36	我要像一个自信的运动员一样正确对待周围的环境					

（续表）

	问题	几乎从不	很少	有时候	经常	几乎一直
37	比赛过程中，即使有很多问题把我弄得很糊涂，我也能够保持沉着冷静的状态					
38	我的注意力很容易不集中					
39	当我想象我在赛场上如何表现的时候，我能很清楚地看到并感觉一切					
40	每天早上一起来，我就非常期待比赛和训练					
41	参加体育运动可以带给我一种真正的愉悦感和满足感					
42	我能够从每一个危机中为自己找到机会					

分值的计算

这个测试的每个选择都有一个相对应的分值（分别为1分、2分、3分、4分、5分）。现在，请您把这些分值填入表9并且每次都填在试卷的序号旁边。在您这样做好42道题之后，把这7行所有的分数单独加在一起。现在就来算算总数。

表9　能力测试答题表

	A	B	C	D	E	F	G
	1:	2:	3:	4:	5:	6:	7:

（续表）

	A	B	C	D	E	F	G
	8：	9：	10：	11：	12：	13：	14：
	15：	16：	17：	18：	19：	20：	21：
	22：	23：	24：	25：	26：	27：	28：
	29：	30：	31：	32：	33：	34：	35：
	36：	37：	38：	39：	40：	41：	42：
总分：							

测试分析：

A= 自信；
B= 消极的能量；
C= 注意力控制；
D= 可视化和想象力控制；
E= 激发积极性的能力；
F= 积极的能量；
G= 态度的控制。

- 26～30分： 出色。
- 20～25分： 还有待改进。
- 6～19分： 需要特别注意。

每日考勤卡

（样本）

表10　每日考勤卡

从星期一到星期日	星期一	星期二	星期三	星期四	星期五	星期六	星期日
数据							
精神训练（时间）							
身体训练（时间）							
伸展操（是/不是）							
耐力训练（时间）							
力量训练（时间）							
速度训练（时间）							
睡眠时间（总共）							
什么时间上床睡觉/什么时间起床							
食物（分数：1～6）							
进餐总数							
多久吃糖（吃的越少，也就越好）							
体重（每星期测一次）							
如何才能更好的组织（1～6）							
喝了多少水（杯子的数量）							

（续表）

从星期一到星期日	星期一	星期二	星期三	星期四	星期五	星期六	星期日
做家务的时间总和							
情绪情况（1～6）							
运动场外面的情绪情况（1～6）							
比赛过程中的情绪情况（1～6）							
积极的紧张度（生活感情）（1～6）							
积极的态度（1～6）							
令人深信不疑的运动员形象（1～6）							
克服错误（1～6）							
专心（1～6）							
自信（1～6）							
动力（1～6）							
获得乐趣（1～6）							
最佳的能力控制（1～6）							
比赛的质量（1～6）							
其他一些在一星期中对情绪产生影响的因素：							

综合训练概况

表11可以帮助您掌握所有已经做完了的综合训练的概况，以及规划那些仍然没有实现的训练内容：

表11　综合训练内容

	综合训练的内容
第一步	
1.1	体育运动给我带来了什么
1.2	自我价值感觉的加强
1.3	优秀运动员的性格特点
1.4	胜利者意识的发展
1.5	结束：自我价值感觉的能力
第二步	
2.1	意志力测试
2.2	对成绩、错误、纪律的观点
2.3	认识成绩极限并超越极限
2.4	结束：成绩准备的高度
第三步：	
3.1	改善睡眠的恢复作用
3.2	身体休息的方法

（续表）

	综合训练的内容
3.3	精神休息的方法
3.4	结束:休息能力的强度
第四步	
4.1	自信的力量
4.2	精神疗养(99 项肯定)
第五步	
5.1	能量和成绩
5.2	每天的喘气训练
5.3	液体、再次矿化、除酸
5.4	营养计划
5.5	结束:能量代谢的程度
第六步	
6.1	能够实现愿望的能量
6.2	能够实现愿望的想象力

用于复制和复习的样品

这里，您可以找到测试和评估的复制样品。这些样品都能帮助您了解您在进行精神训练过程中所取得的成绩。为了能每隔一段时间就进行这些测试和评估，请您把表 12 复制足够的份数。

当然，请您不要忘记，填入每次的数据并在您的训练日志上记下这些测试和评估的结果。

第一步的综合训练：

现在，您如何评价您的自我价值感？

如果您每间隔固定的时间就重新做一次这个测试，那么，您在表 12 填入的数据就可以显示出，您的自我价值感一次一次是如何得到提高的。

表 12　自我价值的提高

数　据	低							高
有意识地生活								
关心自己								
自己承担责任地生活								
战胜自己								
向着目标努力地生活								
拥有高尚的品格								

第二步的综合训练：

现在，您如何评价您为取得成绩所做的最佳的准备工作？

根据书中（第二步）的问题，请您测试一下，为取得好成绩，您所做的准备工作距离达到最佳程度还差多远。如果您每间隔固定的时间就重新做一次这个测试，那么，您填入数据就可以显示出，您所做的最佳的准备工作一次一次是如何得到提高的。

表 13　最佳准备工作的提高

数　据	低							高
超越极限的意识								
身体的休息								
内心的沉着冷静								
轻微的恐惧感								
全部能力及精力的投入								
乐观主义								
快乐								
不费劲与轻松								
下意识的动作								
头脑清醒和聚精会神								
精神聚焦								
自信								
控制与和谐								

第三步的综合训练：

现在，您如何评价您的休息能力？

根据书中描述的主题（第三步），请您测试一下，您最好能够做到什么程度的休息。如果您每间隔固定的时间就重新做一次这个测试，那么，您填入数据就可以显示出，您的休息能力一次一次是如何得到提高的。

表 14　休息能力的提高

数　据	低							高
超越极限的意识								
有助于恢复的睡眠								
使人精神振奋的午休								
身体休息								
有放松作用的音乐								
幻想								
默想的音乐								
默想								
精致和沉思的时间								
一般的紧张降低幅度								
有助于恢复的睡眠								

第四步的综合训练：

现在，您如何评价您的自信？

根据书中（第四步）的 10 个步骤，请您测试一下您有多自信。如果您每间隔固定的时间就重新做一次这个测试，那么，您填入数据就可以显示出，您的自信程度一次一次是如何得到提高的。

表 15　自信程度的提高

数　据	低							高
超越极限的意识								
注意力集中到强势上								
内心的信念								
做最好的准备								
有利的交往								
从错误中学习								
接受有建设性的批评								
庆祝胜利和成功								
谦虚								
开阔眼界								

第五步的综合训练：

现在，您如何评价您的能量代谢？

请您测试一下，您感觉您的能量代谢已经提升了多少。如果您每间隔固定的时间就重新做一次这个测试，那么，您填入数据就可以显示出，您的能量代谢一次一次是如何得到提高的。

表 16　能量代谢的提高

数　据	低							高
有意识地突破极限								
每天进行喘气训练								

（续表）

数　据	低							高
促进消化的饮食								
每天喝两升水								
重复矿化								
除酸								
健康的食品								
仔细咀嚼								
营养补充								
积极的情感								
能够产生能量的观点								
能量程序								
比赛程序								

短时间进行的精神训练

如果您想继续在精神训练中取得非常大的进步，那么，您就要为将要进行的一次全面精神训练准备一个特定的主题。为此，您需要时间，安静的空间，另外还不能被打扰。

这里，您可以找到进行全面精神训练需要的八个步骤。这八个步骤对于所有的生活领域，不只是对体育运动，都是有利的

全面精神训练八步骤

第一步：明确愿望、目标

- 考虑您目标的真实性：思考。

  我想要什么？我真的想要这个吗？

  我已经准备好为此付出行动了吗？

  我的意图没有伤害任何人或者损害任何人的利益吧？

  这个愿望能够完全反映我的意图吗？

- 产生一幅清晰的图画：可视化。

  让想要实现的最终状态就像一个短片一样在心里详细地，形象地放映出来。要完全放进图画中！

- 建立简单明了的表达形式：肯定。

用一句简短的，容易记住的话，一个有利于记忆的表达方式精确地描述已经实现了的最终状态！

- 能够感觉到与此有关的感觉：欣喜。

当人们实现目标的时候，想象一下人们的感觉将是什么样的。那种实现愿望的欣喜生动地展现出来！

第二步：进行训练的准备工作

- 选择合适的时间进行练习。
- 寻找一个合适的安静的地方。
- 设法让空间的空气流通。
- 实现个人的引入仪式（支持）。
- 进行准备好了的休息。
- 采取一个休息的姿势：站着、坐着或者躺着。
- 开始有节律的呼吸，然后进行呼吸练习，给自己补充能量。
- 从身体上，精神上和情感上完全得到休息。
- 实现并保持大脑冷静。

第三步：寻找“不断变化的内心的位置”

- 通过颜色红——橘黄——黄——绿——蓝——淡紫——紫的想象来到“不断变化的内心的位置”并达到有创造性的意识状态（到达紫色）。
- 穿过草地到达“属于自己的个性之山”，然后登上山顶。
- 在体内让个人的“精神的心脏”的光芒同意识的光芒融合在一起。这样，光芒就能充满整个身体。
- 个人的光芒同高大的自我，“太阳”的光芒统一起来。

●结束幻想，活在现实中，与身心的统一保持一致。

第四步：唤醒准备好的思维方式进入意识。

●准备好的能够实现的最终状态的图画全部清晰地展现在自己面前，而且完全在这幅图画中。

●在精神上重复与此有关的简短的表达形式。

●图画、表达形式同宇宙的力量联系起来。

●带着愉悦和感激的心情体会符合期望的最终状态在精神上形成的图画。

第五步：正确的鉴定

●接受这种积极的符合期望的最终状态，并看成是自己的个性和自己生活的新的组成部分。

●正确认识，通过精神训练确立一个新的开端，同时把目标看成是已经以纯物质的形式存在的。

在这一时刻，创造性的行为已经达到了完美，并且在意识（精神）层面已经完成了能源的实现。

●要感谢人们已经实现了目标：在精神层面，人们已经接近了目标，这种新的事实已经形成了！感激之情对于这种已经实现了的行为是非常重要的！

第六步：训练结束

●再次从事件中脱离出来，从内心的山顶上爬下来，接着走在草地上，通过变换的颜色想象：紫——浅紫——蓝——绿——黄——橘黄——

红，再次回到每天的意识中（红色）。

第七步：正确的复习

● 每天抽出固定的时间进行详细的精神训练并经常进行复习，直到这个目标在精神世界中也能表现出来。（至少重复进行21次训练，或许36次会更好。）

● 每天都尽可能多次地想象实现目标时的画面，这样人们就能把注意力集中到要实现的目标上，以极强的愉悦感和极强的感激之情接受这个目标，并最终实现这个目标。

● 找出能够产生回忆的原因或者写些激发积极性的卡片，分散到个人生活的区域，这样就可以经常回忆起已经实现了的目标。

● 制作能够引起回忆或者激发积极性的小卡片，这样就能够经常感觉到，比如说“我因为……而感谢”，“我实现了这个目标”等等。

第八步：贡献他的全部力量

为了取得成功，贡献他所有的一切。在日常生活中做所有的事情并且从精神层面也开始着手确定正确的发展方向。

● 充分利用他的机会。

● 维系同那些适当的，有很大帮助的人们之间的联系。

● 看些合适的报纸和书籍。

● 进行尽可能多的进修。

● 为了避免阻碍自己，断绝那些不符合期望的联系。

● 找到一个私人的指导教师或教练。

● 充分利用媒体和电话的机会。

- “抓住横梯双手交替向前移动”（继续推荐自己）：从熟人到熟人的熟人，直到找到自己要找的人。
- 将弱项转变成强项，充分利用强项。
- 放开所有陈旧的，错误的，不必要的事物。
- 只要努力就会有回报。
- 期望的最终状态也要符合精神方面的表现。
- 坚定的，热情的行为。
- 取消太高的要求。
- 提高个人的修养。
- 从参加精神训练的人转变成精神能手。
- 作为能手生活。

精神测试仪：您的精神力量有多强

特佩魏因（Tepperwein）的这个“精神测试仪”可以让您评估精神力量的增长。但是，更重要的是：根据这些意识点，您也可以认识到，那些措施对您精神力量的增长会产生有效影响。这样，您不仅能评估精神力量的当前状态，也能有目的地进行下一项措施。

A：排序；

B：精神训练中的措施；

C：精神力量按百分比计算的增强幅度；

D：已经达到的百分点（最后请计算总数）。

表 17　精神力量的评估

A	B	C	D
1	学习人们是如何解决问题的：工作上的、经济上的、性格上的、朋友之间的、情感上的和精神上的。进行这些问题的预防。在问题产生之前，就解决它们	20	
2	定期进行心理保健	10	
3	认识并解决精神上的装病：不愿意工作的情况和不愿意治疗的状况	5	
4	摆脱“过去的包袱”	5	
5	放开那些不再真正属于我的东西：自我、个性、角色、样本、规划、行为、画面、想法、期望、理想等等，当然还有疾病、命运等等	20	

（续表）

A	B	C	D
6	消除那些有缺陷的意识形态并建立健康的意识形态	10	
7	不再“工作”并“永远度假”	10	
8	积极地进行思考，谈话和做事情	5	
9	了解我认为正确的事情，并付出行动	10	
10	独立地生活	5	
11	有意识地，小心翼翼地度过一生	10	
12	判断、消除，而不仅仅只是“察觉到”一些事情	10	
13	消除所有的期望，因为最终所有的期望都会变成失望	10	
14	真正地学会掌握别的思维方式	10	
15	找到并进行一场有价值的生活比赛，了解并真正实现我对未来的想象	10	
16	真正“过”我自己的生活	10	
17	认识并充分利用有因必有果的法则	10	
18	发展我个人的生活哲学	5	
19	无条件地接受自我	10	
20	开朗地、沉着冷静地度过一生	5	
21	我始终保持一份愉快的心情	5	
22	做一个真实的、真诚的并且可靠的人	5	
23	学会做梦，然后在生活中实现所有的梦	5	
24	找到那位真正的伴侣，并与他一起过幸福的生活	10	
25	把所有的事物都看成是机会，并充分利用这些机会	5	
26	原谅自己以及其他的人，最好是：根本就不去进行谴责	5	
27	定期地“停下来”，弄清楚我的意识状态	10	
28	定期地“重新认识”自我	10	
29	不要光有看法，而要在现实中生活	5	

（续表）

A	B	C	D
30	“没有任何印象地”度过一生	5	
31	避免做任何“没有意义的”事情	10	
32	避免“忘记自我”，而要以我真正的样子来生活——作为我自己来生活	10	
33	有意识地作为创造者进行“生活的比赛”	10	
34	完全按照我的“意思”去生活	10	
35	保持内心的平静，“和谐”的生活。“没有任何压力”的生活	20	
36	只吃喝营养丰富的东西，想美好的事情，说好听的话，做大有裨益的事情	10	
37	唤醒我内心的能手，作为能手去生活，走上属于自己的路	100	

每一个成功的人都需要他：个人的成功教练

发生在优秀运动员身上司空见惯的事情，现在也经常发生在企业的领导身上：个人的咨询顾问——有成就的管理者的教练。

成功会让人变得孤独

大多数的高层人员都要独自忍受寂寞。越往上走，得到的真实反映就会越少，并且都会被政治行为所代替。几乎没有时间和空间存在真正的友谊。生活上的伴侣经常都不具备业务上的知识。因此，管理者都会越来越感到孤独。他们没有一位空闲时可以聊天的伙伴。他们缺少一位了解业务上的联系，接受过专业心理培训，能够很好地倾听，并且对于管理者来说，具有反射器作用的人。

努力争取成功的过程中，必然会出现某种程度的无组织以及变得死板的行为方式。全部的思想都将集中到成功上去。为了实现确立的目标，他们就会进行不全面地思考，从而产生一些错误的想法，过高地评价自己以及不适合自己提前规划好的范围的所有矛盾的压抑。在高层中，这种由于缺乏自信心而产生的行为就像完全过高地评价自己一样得到扩展。与“小人物”的距离就会慢慢地越来越大。这样的事实没有人会注意到，从而就容易产生歪曲的世界观。

压力也会影响私生活

私人的和专业上的兴趣的结合和满满的日程安排都会导致人们几乎没有时间去解决个人和家庭的矛盾。最后，这种压抑就会导致情况继续尖锐化。甚至，由于生活伴侣以及家庭影响领导者做不出决定或者逃避工作的原因已经不是少数。压力和放松，要求和娱乐之间不再存在正常的平衡。

他们各个方面的问题只能用一种全面的观察方式来看待。所以，教练就成为一位“解决所有状况的伙伴”。他通常是精通专业的、社会的和心理领域的专家。他会在某个特定的时间单独与管理者见面。他不只是顾问、教练和伙伴，同时还是挑战者和朋友。他会独立地、自由地并且有建设性地分析形势并同他们商议解决的办法。那么作为局外人的谈话伙伴，他会说出其他人都不敢说的话。他会让管理者进入转变想法状态，为他个人的行为，他的愿望和目的去唤醒意识。使他们明白接受目前的状态能够修正许多事情并帮助他们将现实进行分类。现在不只是能获得表面上的成功，也能在内心获得成功，心灵上的赤字也会得到平衡。改变观念和改变思想可以开始了。新的知识会改变观点，并且可以产生另一种行为方式。重要的是训练不只包括一个单个的领域，全部的计划都应该是以它为基础的。努力进行意识状态的改变，争取从内心处解决问题，找到脱离孤独的方法。

但是，训练不只适用于优秀的管理者。当然，处于第二流的男女也需要专业的和个人的支持。角色的扮演可以让个人的行为变得明显，增加对生意上的伙伴的了解并准备展开新的工作，更深层的关系将变成看得见的。同时，对于为什么没有实现下一阶段的跳跃或者为什么同事很早就得到了提升，都会找到问题的答案。这位训练顾问会给转行者或者失业的领导人员提供机会，提升还不够完善的能力，并通过其他的思维结构和行动方式走上一条新的道路。

同样，训练顾问也会将不确定的，无意识的障碍变成看得见的。相反，逐渐消除那些装模作样的表现。深入的自信训练可以让管理者重新正确认识经常受到压抑的自己。对个人能力的认识可以增长自己的自信，这不需要依靠别人的表扬，只是与自己的内心有很深的关系。在这种情况下尽管创造力和人性经常在职业生涯中丧失，但它们确实可以发展成一种新的有效的领导方式。工作上的成功也要在情感上得到加工，这样就能产生内心的满足感并进入一种新的准备状态，把没有解决的矛盾看作是一个积极的挑战——作为一种个人的继续发展的方法。

- 作为护理员的教练会作为心灵上的垃圾桶为他们提供服务。他支持感情的发展，可以放心地大笑、号叫和怒吼。他会陪伴、观察管理者，并让管理者清楚他的经常无意识做出的一些角色行为，指出他对周围环境产生的作用。没有了陈旧的结构和行为模式，实施的能力才能增强，才有可能对新的事物和当前的事物产生正确的感觉。
- 作为咨询者的教练分析私人的和业务上的情况。他会围绕这个问题，然后有目的地去找出原因，提供帮助，并要求进行自助。他会反映这种行为，指明那些取得事业成功的人们在开始的时候都会采用的独裁的行为模式。他就提出退休、到外国的调任、职位的改变、业余活动的安排等问题进行讨论；他会提出不仅是精神上的，还有实际的解决问题的建议。
- 作为训练者的教练重新通过角色扮演和积极的身体工作，在由于缺少时间而经常疏忽的生活领域中确立新的重点。

- 作为伙伴的教练会在社会和专业方面找到新的方法和机会。
- 作为挑战者的教练为提供实力较量效劳，同时为管理者说明他的负荷能力，但同时也说明他的极限。
- 作为朋友的教练将重点放到人际关系上。

对训练伙伴的要求是很高的：对专业的深造有特殊的要求，必须有相当丰富的企业内部的知识，巨大的移情能力、心理敏锐的鉴别力、配合实施能力和非常快的理解力是必要的。每一次的指导就是对个人进行一次私人的调整，并且是针对个人的和全面的解决方法。此外，专业的训练对于当事人来说是免税的。

对于所有火药味浓，当前最关注的问题，您的训练顾问可以为您效劳。在这里，您可以获得免费的而且不强制购买的答复：

国际科学院，

费利克斯·埃施巴赫尔（Felix Aeschbacher）先生收，

马库斯大街11号，

邮编：9490瓦杜兹

辅助工具

根据这句格言，我们就已经有了选择。由于这种原因，这个选择是特别推荐的。

(1) 推荐书目

1. Tony Schwarz, Jim Loehr: ,, Die Disziplin des Erfolgs. Von Spitzensportern lernen – Energie richtig managen "; München 2003 (Econ – Verlag)

托尼·施瓦兹，吉姆·洛尔：《成功的法则——像优秀的运动员学习正确地管理能量》；慕尼黑，2003（德国 Econ 出版社）

2. Kurt Tepperwein: ,, Erfinde dich neu! 12 Chancen zum 2002 (Herbig – Vgrlag)

库尔特·特佩魏因：《重新创造你自己！12 种个人和工作的新开始的机会》；慕尼黑，2002（德国 Herbig 出版社）

3. Kut Tepperwein: ,, Wachsen Sie über sich hinaus! Mit Herz und Verstand alles erreichen "; Landsberg, München 2002 (mvg – Verlag)

库尔特·特佩魏因：《超过您自己！用心和理智来实现一切愿望》；兰茨贝格，慕尼黑，2002（德国 Mvg 出版社）

4. Kurt Tepperwein: ,, Die Kunst, das Leben selbst zusteuern. Die

Gesetze der Mental – Kybernetik “; Landsberg, München 2003 (mvg – Verlag)

库尔特·特佩魏因:《控制自己的生活的艺术:精神——控制论的规则》;兰茨贝格,慕尼黑,2003(德国 Mvg 出版社)

5. Daniel Ackermann:,, Alles eine Frage von Bewusstsein. Gott enthullt seinen Zaubertrick “; Basel 2002 (Assunta – Verlag)

丹尼尔·阿克曼:《所有的一切都与意识状态有关:上帝揭穿了他的魔术》巴塞尔,2002(德国 Assunta 出版社)

6. Douglas Bloch:,, Die heilende Kraft der Worte. Aufdem Weg zu inner er Balance. Affirmationen fürden Alltag “; Paederborn 1996 (Junfermann)

道格拉斯·布洛赫:《话语的治疗力量,逐渐达到内心平衡:日常生活中的肯定作用》;帕德博恩,1996(德国 Junfermann 出版社)

推荐光盘

1. Progerssive Muskelentspannung. Klassische Formelsammlung zur Lösung von Energieblockaden, Darmstadt (Schirner – Verlag)

进行性的肌肉放松。典型的表达形式的收集可以解决能量阻塞的问题,(德国 Schirner 出版社)

2. Atem. Übungen zur richtigen Atemtechnik, Darmstadt (Schirner – Verlag)

呼吸。正确的呼吸技巧的练习,达姆施塔特(德国 Schirner 出版社)

3. Dr. Herbert Hekkers (Hrsg.), Essen; CD – Reihe Mentaltraining für

Sportler（CD und Buch） mit unterschiedlichen Sportarten wie Tennis, Klettern, Badminton, Essen（mentalis Verlag）

赫伯特·海克斯博士（出版者），埃森；运动员进行精神训练的光盘系列（光盘和书），附带不同的运动项目，如网球、登山、羽毛球运动，埃森（德国 mentalis 出版社）

从喜欢业余活动到工作

培训精神训练人员和教练：

请将您休闲娱乐和健康的景象变成您完全个人的成功！

将在业余时间的精神训练中获得的能量运用到自己的事业中去。

如果您已经仔细地进行了书中描述的全部训练并成功地通过试验确定了它的效果，那么，您就已经具备了将您的能力继续运用到其他人的身上的基础！把您的爱好带到您的工作中去！

作为精神教练，帮助年轻人和业余运动员达到体育运动和工作上的最佳成绩，会给您带来好心情吗？

- 您可以在国际科学院（IAW）接受培训成为拿到硕士学位的精神训练者或者拿到硕士学位的精神教练。
- 您可以选择在家舒适地学习，或者到瑞士跟着费利克斯·埃施巴赫尔（Felix Aeschbacher）进行紧张的专业学习。

详细信息请您咨询国际科学院（IAW）

圣马库斯大街11号，邮编：9490瓦杜兹，

电话：0 042－32331212/传真：0042－32331214